中国石油勘探开发研究院出版物

异常高压气藏产能评价方法与应用

Analysis and Application of Deliverability Evaluation in High Pressure Gas Reservoirs

张晶　夏静　罗凯　李勇　◎编著

U0345588

石油工业出版社

内 容 提 要

本书从异常高压气藏的形成、分布以及国内外开发实例的剖析出发，以克拉 2 异常高压气田为例，论述了异常高压气藏产能评价以及预测方法，同时介绍了异常高压气藏相关动态研究方法，主要内容包括：动态追踪试井解释及分析技术、试井资料表皮系数分解方法、数值试井模型建立与历史拟合方法、考虑应力敏感与见水的产能评价预测方法。

本书可供从事油气田开发研究人员、油藏工程师以及油田开发管理人员参考，同时也可作为大专院校相关专业师生的参考书。

图书在版编目（CIP）数据

异常高压气藏产能评价方法与应用 / 张晶等编著 .
—北京：石油工业出版社，2019.8
ISBN 978-7-5183-2936-6

Ⅰ．①异… Ⅱ．①张… Ⅲ．①超高压－气藏－产能评价
Ⅳ．① P618.130.2

中国版本图书馆 CIP 数据核字（2018）第 224557 号

出版发行：石油工业出版社
　　　　　（北京安定门外安华里 2 区 1 号　　100011）
　　　　　网　　址：www.petropub.com
　　　　　编辑部：(010) 64523537　图书营销中心：(010) 64523633
经　　销：全国新华书店
印　　刷：北京中石油彩色印刷有限责任公司

2019 年 8 月第 1 版　2019 年 8 月第 1 次印刷
787×1092 毫米　开本：1/16　印张：14.25
字数：310 千字

定价：115.00 元
（如出现印装质量问题，我社图书营销中心负责调换）

前　　言

异常高压气藏地层压力系数一般大于 1.2 以上。据统计，我国异常高压气藏数量占气藏总数的 1/3 左右，探明储量约占我国天然气总探明储量的 1/9。近年来在塔里木盆地发现的克拉 2、迪那、大北、克深等大型气田，以及在川东北地区发现的河坝、清溪场、双庙气田等均属异常高压气藏。

与正常压力气藏相比，异常高压气藏具有能量大、驱动力源多的特点，开发过程岩石有明显变形，驱动机理较为复杂，因此其产能评价与预测方法较常规气藏难度大。

基于以上问题编写此书，依据理论研究及现场经验，完善异常高压气藏产能评价与预测方法，有益于指导此类气藏开发方案设计及调整。

本书共分八章。第一章主要介绍了异常高压气藏的概念、分类和特征，以及异常高压气藏开采中需要注意的问题，并在本章结尾介绍了两个国外异常高压气藏开发的实例。第二章为异常高压气藏中的应力敏感特征，介绍了异常高压气藏储层覆压试验结果统计方法，分析了岩石应力敏感对异常高压气藏开发的影响。第三章至第五章主要介绍了解析试井以及数值试井在分析异常高压气藏储层物性特征、边界类型以及水侵阶段中的应用，具体包括地层压力、井底压力折算方法、试井模型建立与渗流特征分析。第六章介绍了该类气藏试井解释拟表皮的分解理论方法，以及确定影响试井解释表皮系数的关键因素。第七章介绍了异常高压气藏产能的评价方法，分析了不同压力形式对评价结果的影响，并提出了适用于异常高压有水气藏的产能预测方法。第八章以克拉 2 气藏为例，介绍了产能评价与预测在制定合理开发技术政策以及防水、治水对策过程中的应用。

本书在编写过程中得到了塔里木油田公司勘探开发研究院的大力支持，在此表示衷心感谢。

由于作者水平有限，难免出现不当之处，敬请各位读者批评指正。

目　　录

1　异常高压气藏概述

1.1　地层压力的概念及气藏分类划分

1.1.1　地层压力的概念

地层孔隙流体所承受的压力称为地层压力（Formation pressure），也称孔隙流体压力（Void fluid pressure）或地层流体压力（Formation fluid pressure）。地层压力是油、气藏能量的一种动力标志，也是一种潜在的能量。在油、气藏开采过程中，它使油、气克服地层内部和垂直管流的阻力流至井底，喷到地面。特别是天然气藏，地层压力尤为重要，是气藏开采的主要能量。所以，如何高效利用气藏的这一固有能量，成为提高采收率的一个关键问题。

1.1.2　按地层压力划分气藏

压力是气藏开发的灵魂，直接影响气藏开发的设计和效果。如原始地层压力的高低和开发中压力系统的划分都是开发中要考虑的因素，故地层压力是气藏分类的重要依据。

原始地层能量的高低，常用压力系数来表示。压力系数是指实测的地层压力与同深度的静水压力的比值，假设水的密度为 $1g/cm^3$，则压力系数可表示成：

压力系数＝实测地层压力 /（0.01× 油气藏深度）

根据压力系数的大小，一般将气藏分为异常高压、常压和异常低压三类，其界限的具体数据没有统一的标准。例如，我国气藏压力系数变化的区间就很大，最低为 0.65（四川兴隆场气田下三叠统的嘉三气藏），最高达 2.29（四川黄草峡气田下二叠统草 4 井裂缝圈闭气藏），因此根据地层压力对气藏进行划分是必要的。

根据我国四川地区异常高压气田的实际情况，提出如下按地层压力系数分类的方案：低压气藏压力系数小于 0.9；常压气藏压力系数在 0.9 ~ 1.2 之间；高压气藏压力系数在 1.2 ~ 1.8 之间；异常高压气藏压力系数大于 1.8。

1.2　几种异常高压成因机制

在全世界从新生代（更新世）到古老的古生代（寒武纪）地层都遇到过异常高的

孔隙流体压力。一个正常的静水压力系统可以设想为一个水力学上的"开放"系统；而异常高压系统是一个"封闭"的系统，它阻止或至少大大地限制了流体的连通。如果在油藏形成过程中，作用于软孔隙性地层的岩石压力增加时，地层中的饱和流体由于某种原因不能流出的话，那么岩石压力主要由地层中异常高的液体压力所平衡，这就形成了异常高压储层。在这种情况下，介质的骨架是不致密的，虽然其埋藏很深，但开发过程中产生形变在很大程度上是不可逆的。

形成异常高压油气田的原因有很多解释。有的学者认为在地层下沉过程中，厚层细粒沉积物非常迅速地沉积在油气层之上，原油和束缚水不能从地层中流出是形成异常高压地层压力的主要原因，孔隙中的液体承受了沉积物质的大部分重量。在此情况下，很高的不平衡压力甚至能保持几个地质年代。有的学者认为异常高的地层压力有可能是由构造力引起的，因为在油气藏形成后，构造力能推动褶皱上升，高压可沿断裂从深部含气层传到浅层。另外有一些学者把异常高压的存在同泥火山联系起来，认为半液态火山物（密度约为 $2.8g/cm^3$）占据构造的偏高部位，以其自身的重量给油气藏渗透层施加很大的压力。

除上述几个主要因素外，温度的变化、欠压实作用对异常压力的产生也有一定的影响。但异常压力与单个地质因素之间的相关性并不很密切，这是因为异常压力是多种地质因素的综合作用的结果。根据柳广第等人的偏相关分析结果可知，构造挤压和流体充注是目前库车坳陷超压形成的主要因素，而膏盐盖层的厚度则是超压得以保存的主要因素。现今埋深与剥蚀量之间也具有强正相关性，剥蚀是造成埋深变化的因素，二者共同反映欠压实、构造抬升及水热降温等地质作用的影响。油气藏形成后，上部地层重新被剥蚀，形成的异常高压，是塔里木盆地异常高压气田的主要成因。总之，异常高压可以有许多成因，常常是多种因素综合造成的，液体不能从地层流出是储层产生高压的必要条件。这些因素主要有如下几种：

（1）流体压力面。一个异常高的、区域性测压水头面的作用可以引起超压，最有代表性的例子就是自流水系统。一般多孔和渗透性的含水层夹于不渗透层（如页岩）之间，这些含水层是一种高压供水区。在这些系统里造成的超压大多是小到中等。

（2）储油层构造。在封闭的储油岩中，如透镜体储油层，倾斜地层以及背斜，对于这个地层的最深部分是正常的地层压力，它将会传导到比较浅的一端，形成异常压力条件。如在背斜构造中，一些产油层段中会碰到异常地层压力，而在油水界面处及其以下可能依然存在着正常的静水压力。

（3）储油岩重新加压。正常或低压的储油岩，特别是在浅处的产油层段，可能由于与较深的、较高压的地层有水力上的联系，造成压力上升或重新加压。

（4）沉积作用的速度和沉积环境。就沉积环境来说，有利于发育异常高压的条件有：巨大的沉积物总厚度；黏土岩石的存在；形成互层的砂岩；快速的堆积加载；一般的地槽条件。例如在墨西哥湾盆地，间隙水被禁锢起来并与地表失去联系。在这种情况下，沉积物不能被压实，而所包含的水，不仅仅经受着静水压力，也要经受新沉积的沉积物的重量，这就导致地层具有异常流体压力。

就沉积速度来说，当与正常压实作用相伴随的水力平衡受到某种限制（由盐、方解石、无水石膏等胶结的页岩和砂岩，造成一个高矿化带，该带构成一个封闭），不能有秩序地排出水分时，超压带和超压油层是与快速沉积期伴生的。例如在陆坡环境里，在沉积速度非常慢的情况下，就不可能发育异常压力，尽管沉积的沉积物所含的砂岩含量非常少。

（5）古压力。在被块状的、致密的以及基本上不渗透的岩石完全封闭的古老岩石里，或是在上升到浅处完全被封闭的地层里，才能存在异常地层压力。

（6）构造活动。异常高的孔隙流体压力，可以起因于局部及区域的断裂、褶皱、侧向滑动和崩塌，断块下降引起的挤压，地震等。

（7）渗滤现象。在形成异常地层压力的油气藏时，假设流体直接进入一个密封的容积，其内部压力必须增加到获得了平衡的条件为止。任何物理的（大地构造活动）或化学的扰动，都将引起重新流动，直到再次建立平衡条件为止。例如含黏土质的粉砂岩、页岩都起着有效的半渗透隔板作用。

（8）成岩作用现象。成岩作用是沉积物及其矿物成分沉积之后的蚀变现象。形成异常高压的成岩作用有：含黏土质沉积岩的成岩作用、碳酸盐岩的成岩作用、火山灰的成岩作用、矿物胶结作用的次生沉淀。

（9）块状的区域性岩盐沉积。块状的岩盐沉积发现于广大的区域。不同于其他岩石，盐对流体是完全不渗透的（不是页岩那样的半渗透），在假塑性运动下变形（重结晶作用），所以施加的压力等于在各个方面的积土负载。下伏地层没有流体逸散的可能性，因而保持着非固结状态成为超压。在许多地区，异常压力经常发现于直接覆盖于岩盐下面的页岩或粉砂岩层中。

（10）永久冻结的环境。在北极的观测表明，作为地方性的现象，在永久冻结区，确实存在着异常高的地层压力。在永冻区，很多地方存在着不冻区（融区），例如在深湖下面。气候和地表条件剧烈变化引起了永久冻结，因此把一个不冻区禁锢在一个实质上封闭的系统之内。随着冻结的进行，在不动的夹囊中，造成异常高的地层压力。由于接近地表，这样的压力多半会猛烈地释放，所以在地平面形成巨大的冻结隆起。

（11）热力学和生物化学因素。热力学和生物化学因素的作用存在于任何地质系统中。假设这个系统基本上是封闭的，那么这些因素就会促进异常高的地层压力的形成。地层温度的变化，也将改变着局部或是区域流体压力变化。烃类微小颗粒的裂解为较简单的化合物，增加了它们的体积。科学研究表明，这样的体积变化是由于催化反应、放射性衰变、细菌作用及温度变化造成的。

（12）其他作用。海洋大陆架区域的潮汐扰动，海底地震引起的海啸（地震波浪）、飓风的影响，也可以引起下伏沉积物的地层压力较小以及数不清的暂时变化。

近 10 年来，人们把越来越多的注意力集中在气藏储量、开发动态及异常高压储气岩中重要机理分析上。在页岩及砂岩层系中，主要含天然气的异常高压油藏延伸的面积有限，而且具有有限的边底水。这种情况使得天然气地质储量计算复杂化，经常造成过分乐观的储量预测。

1.3 异常高压气藏开发需考虑的关键问题

"压力是油气藏的灵魂"。地层压力是评价气藏的重要参数，原始地层压力的高低，直接涉及开发方案的设计、开采动态的分析、合理产量的配置以及钻采工艺的选择等问题；气藏压力不同，其渗流特征和开采效果也不同。

1.3.1 岩石弹—塑性形变的概念

在油田钻开之前，地层处于平衡状态，在油田钻井和投入开发之后，地层压力开始变化。这时地层骨架应力增加造成岩石形变，由于其岩石机械性能的非均质性，一部分发生弹性形变，而另一部分在相同应力下可能发生塑性形变。一旦地层压力恢复后，某一部分由于具有弹性，力图恢复原始形状，另一部分则部分地或全部地保持已产生的形变。据某些研究给出：高渗透储层的形变在地层压力变化以后的 10 ~ 40min 就停止了；在低渗透岩石（泥岩、致密石灰岩和砂岩）中，地层压力变化后，形变持续时间能长达 20 ~ 40h。另外，某些岩石在地层压力明显变化时仅产生弹性变形，例如，方解石胶结的砂岩（不是泥质胶结的砂岩）。而弹塑性岩石在负荷变化后，不能完全恢复本身的原始性质（例如白云岩、石灰岩、以黏土作胶结物的岩石等），塑性岩石具有完全不可逆形变的特点，例如砂子、黏土和泥质胶结的砂岩等。

上述这些岩石的可逆或不可逆的形变，都会引起岩石孔隙度和渗透率的变化。当在弹性形变范围内变化时，岩石孔隙度和渗透率的变化都具有可逆的特征，当应力超过岩石的弹性极限时，渗透率和孔隙度的变化就成为不可逆的形变（图 1.1 和图 1.2）。

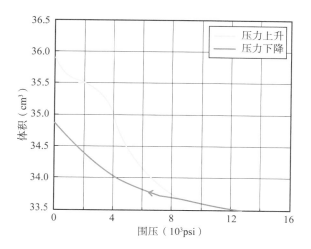

图 1.1　岩石颗粒变形引起的迟滞效应

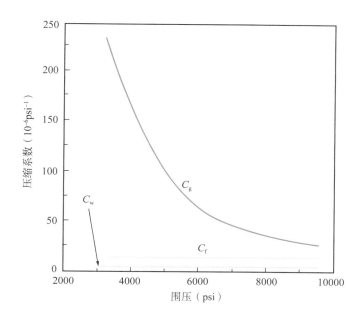

图 1.2　岩石压缩系数随压力变化关系

C_w，C_f，C_g—分别为水、岩石和气体的压缩系数

　　图 1.1 是在岩石的挤压过程中，岩石颗粒的变形引起的弹性 / 非弹性迟滞效应。当压力从 $0 \rightarrow p \rightarrow 1300psi$，再从 $1300psi \rightarrow p \rightarrow 0$ 变化时，孔隙体积发生相应的变化。在压力为 3500psi 时孔隙的形变改变了岩石的内部结构。值得注意的是从 $8300psi \rightarrow p \rightarrow 13000psi$ 范围内，挤压和舒张过程是弹性变化的，因为这两条曲线是沿同路径变化的。在低压阶段曲线的分开表明该过程是非弹性的。

因此，不论是油田开发还是气田开发，必须考虑孔隙度和渗透率的不可逆变化，孔隙度、渗透率、岩石体积随压力的变化规律成为异常高压油气田开发过程中的重要研究对象。

1.3.2　有效压力的引入

储层的有效压力（$p_{有效}$）、岩石骨架承受的压力（$p_{岩石}$）和地层压力（$p_{地层}$）有如下关系：

$$p_{有效} = p_{岩石} - p_{地层} \qquad (1.1)$$

对于正常压力系统的油田和气田，开发前的地层压力（流体孔隙压力）应为相应深度的静水柱压力。而对于异常高压的油田和气田来说，开发前的地层压力明显高于静水柱压力，此时地层承受的有效压力小于正常压力系统下的有效压力。一旦油田或气田开发后，随着流体的被采出，地层压力下降，有效压力就会相应地增加。因此，开发前后异常高压储层的有效压力变化幅度大，岩石骨架承受的压力也大。一般来说，当有效压力很小时会产生可逆的形变，而当有效压力变化范围大并超过某一临界值时，将发生一部分不可逆形变和全部不可逆形变。

1.3.3　孔隙度随压力的变化关系

不同类型岩石的形变机理不同。对于砂岩，在应力不大时发生弹性形变，压实颗粒；进一步增加有效压力，便引起矿物成分（石英和长石颗粒）碎裂以及胶结物质（泥质物等）流动。对于石灰岩，不仅胶结物质在流动，而且岩石颗粒本身也会流动，在有效应力很大时，石灰岩就会转变为塑性。对于粉砂岩和页岩，虽然颗粒小，但形变与砂岩、白云岩相似。

对于分选好、磨圆度好、碎屑和胶结物质含量不高（20%以下）的砂岩，孔隙度几乎不会发生不可逆变化。而对于分选差、碎屑胶结物质含量高（达25%）的砂岩以及白云岩、石灰岩，其孔隙度会发生十分明显的不可逆变化（达60%）。

另外，对于不同储层的岩石，在有效压力相当的条件下，其孔隙压缩系数的变化范围相差非常悬殊，为 $11 \times 10^{-3} \sim 0.2 \times 10^{-3}\mathrm{MPa}^{-1}$。孔隙压缩系数与孔隙度基本是不相关的。

孔隙度与有效压力的关系可用指数式表示：

$$\phi = \phi_0 \mathrm{e}^{-\beta_{\mathrm{m}}(p_0 - p)} \qquad (1.2)$$

式中　ϕ，ϕ_0——分别为目前压力下的孔隙度、原始压力下的孔隙度；

　　　　p，p_0——分别为目前压力、原始压力，MPa；

　　　　β_{m}——孔隙度变化系数。

1.3.4　渗透率与压力的变化关系

当储层的有效压力变化时，岩石的孔隙度和渗透率都要发生变化，并且渗透率的变化要比孔隙度的变化大得多，其形变也基本上是不可逆的。

据很多实验表明，高渗透性纯砂岩的原始渗透率大约有 4% 不能恢复，而低渗透性泥质砂岩的渗透率产生的不可逆形变达 60%。在有效压力增加或减少时，胶结物和碎屑含量小（10%）、颗粒分选好、光滑的砂岩，其渗透率一般发生可逆变化，石灰岩、白云岩以及碎屑和胶结物含量多、颗粒分选性差的砂岩，其渗透率易发生不可逆变化。

通过实验可得到渗透率与有效压力的几种解析表达式：

指数式

$$K = K_0 \mathrm{e}^{-a_{\mathrm{k}}(p_0-p)} \tag{1.3}$$

幂函数

$$K = K_0 \left[1-a_{\mathrm{k}}(p_0-p)\right]^{n-1} \tag{1.4}$$

二重指数式

$$K = K_0 (p/p_0)^{a_{\mathrm{k}}} \tag{1.5}$$

多项式

$$K = K_0 \left\{ \left[1-a_{\mathrm{k1}}(p_0-p)\right] + \left[1-a_{\mathrm{k2}}(p_0-p)\right]^2 + \left[1-a_{\mathrm{k3}}(p_0-p)\right]^3 + L \right\} \tag{1.6}$$

1.3.5　天然气黏度、密度随压力的变化关系

天然气密度的计算：

$$\rho_{\mathrm{g}} = \frac{M_{\mathrm{air}}\gamma_{\mathrm{g}}p}{ZRT_{\mathrm{f}}} \tag{1.7}$$

式中　ρ_{g}——工作状态下天然气的密度，kg/m^3；

　　　　M_{air}——干空气的分子量；

　　　　γ_{g}——标准状态下天然气的实际相对密度；

　　　　R——通用气体的常数，$R=8314.31$；

p——压力，Pa；

T_f——工作温度，K；

Z——气体的偏差因子。

天然气黏度的计算：

Lee 和 Gonzalez 等人用 4 个石油公司提供的 8 个天然气样品作为实验对象，在压力为 0.101 ~ 55.16MPa 和温度为 37.8 ~ 171.2℃的条件下，进行黏度和密度的实验测定，利用测定的结果得到了如下的相关经验公式，其中压力对天然气黏度的影响，已经隐含在天然气密度的计算公式中：

$$\mu_g = 10^{-4} K \exp(X\rho_g^Y) \tag{1.8}$$

$$K = \frac{2.6832\times10^{-2}\left(470 + M_g\right)T_f^{1.5}}{116.1111 + 10.5556M_g + T_f} \tag{1.9}$$

$$X = 0.01\left(350 + \frac{54777.78}{T_f} + M_g\right) \tag{1.10}$$

$$Y = 0.2\left(12 - X\right) \tag{1.11}$$

式中　μ_g——天然气在 p 和 T 条件下的黏度，mPa·s；

T_f——天然气所处的温度，K；

M_g——天然气视分子量，g/mol；

ρ_g——天然气的密度，g/cm³。

1.3.6　异常高压气藏储层变形对开发生产的影响

在气藏开采中随着天然气的不断采出，地层中的压力、气体的体积和岩石孔隙的体积（特别是裂缝的体积）都会不断发生变化。对于压力不同的气藏，这些变化的程度不同：中压和低压气藏开采中，主要是气体体积发生变化，岩石的孔隙体积变化很小，如果是孔隙型气藏，岩石孔隙体积动变化可忽略不计；而高压和异常高压气藏开采过程中，岩石体积的变化则很大，随着起部分支撑作用孔隙流体压力的降低，岩石骨架的体积膨胀，从而使孔隙体积减小，且裂缝体积的减小最为显著。

异常高压气藏的储层形变，会使气藏的开采受到多方面的影响：

（1）储渗类型发生变化。在裂缝—孔隙型或孔隙—裂缝型储层中，由于裂缝体积减小的程度远远超过孔隙体积减小的程度，部分裂缝甚至完全闭合，因此，在开采早期处于高压状态下原为双重介质渗流的储层，在地层压力降低后可以变为单一孔隙介质储层，改变了储层渗流的基础。

（2）孔隙空间的缩小对气藏开发的影响：一方面，释放出的岩石弹性能量将变成一种动力，驱使天然气从孔隙中流出，这是气藏开发的有利因素；另一方面，孔隙体积的缩小，特别是裂缝和喉道等渗流通道的变窄，渗透性和连通性变差，流动阻力增大，从而使气井产能降低，甚至使统一的压力系统分割为多个互不连通的压力系统，使气藏开发效益变差，这是对气藏开发的不利因素。

（3）各种孔隙流体启动顺序与地层压力的降低相辅相成的，使得复杂气藏衰竭式开采过程具有多阶段性，同时也给气藏动态预测带来困难。在孔隙型气藏中，由于孔隙和喉道相对较均匀，因而孔隙流体启动所要求的压差较接近，在气藏投入开发后很快就会引起全气藏的压降，因此，可以根据开采早期的压降资料来预测动态变化和计算动态储量。

1.3.7　异常高压气藏储量的计算

根据原始地层压力系数的大小进行气藏分类对储量评价有着重要意义，因为高压气藏的储量大于同容积的常压及低压气藏的储量。据美国和苏联文献报道，对异常高压裂缝性气藏，若采用常压气藏计算储量的动态法算出的储量，要比实际的储量高1.6 ～ 2 倍。

在计算异常高压气藏的储量时，应着重对岩石的压缩率进行考虑，因为随着地层压力的增加，气体的压缩率将会相对减小，岩石的压缩率相对增大，所以异常高压气藏的岩石压缩率比正常压力气藏的要大。如果气藏是衰竭式开采，纯上覆岩层压力的增加将会引起岩石的挤压和储层变形。随着孔隙压力的减小，储层变形将会更加严重，岩石的压缩率也会减小，最终达到正常值范围内。

异常高压气藏在早期的开发阶段，由于较高的岩石压缩率而使地层压力得以保持，因此在气藏衰竭开采阶段，岩石变形是压力保持的主要来源。例如，对于通常孔隙体积的岩石压缩率为 $6 \times 10^{-6} \mathrm{psi}^{-1}$，如果在物质平衡的计算中忽略岩石的压缩率，计算得到的气藏储量将高于真实储量的 20%。

1.4　国外异常高压气藏开发实例

1.4.1　安德森"L"异常高压气藏

安德森"L"气藏发现于 1965 年 12 月，是莫比尔—大卫气田中的一个气藏。

这个气田由断层将其与其他气藏分开，周围安德森砂层断块流体和压力—生产历史与"L"气藏显著不同所证实，该气藏原始压力系数为1.73，是典型的异常高压气藏。

1.4.1.1 生产特征

（1）气藏从投产起，压力就得到维持。

气藏在开发过程中，从投产起，压力就得到了维持。这是由于该气藏是在砂、泥迅速沉积的条件下形成的，因而在压实期间挤出的水来不及逸出。因此，液体支撑了部分上覆岩层的负荷。在没有压实的状况下，页岩对于其中所含的水具有相当高的渗透性，在异常压力气藏生产过程中，引起压力降低，压力下降为页岩中的水提供了逸出的可能性，换句话说，这时页岩有可能被压实。被挤出的水充填了原来被烃类所占据的空间，并保持了压力。压力保持的程度取决于水从页岩中流出的时间、速度和烃类的排出时间、速度。只要页岩与气藏砂层相接触的地方存在着压差，就有水流入气藏砂层中，气藏砂层本身的压实也能够保持压力。

从安德森气藏压力—产量历史可以看出，压力保持的程度与气的产量、水的排出量、断块大小都有关。断块中的页岩数量是有限的，而且当水被挤出时，与砂岩相接触的页岩被压实。页岩被压实后，便成为不渗透的，于是阻止了从没有与砂层直接接触的、还没有被压实页岩中水的逸出。安德森气藏的气井出水，与页岩压实、排出水有关。

安德森"L"气藏产气量和压力随时间的变化关系如图1.3所示。

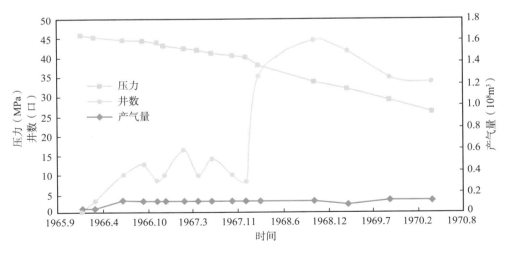

图1.3 安德森"L"气藏产气量和压力随时间的变化关系

（2）异常高压气藏一旦产液，气井产能降低。

异常高压气藏一旦有液态水（或凝析油）产出，就会降低井眼周围的气体相对渗透率，并使气井自喷产能降低。当气藏中孔隙空间中的流体含量增加 10%，对于气体的相对渗透率将减少 60%。高压物性分析表明，在井底压力为 13.8MPa 时，反凝析液大约占据原始烃类孔隙空间的 9.5%。从页岩中被挤出的水也会增加气藏砂层中的总液体含量。在某些极端情况下，流体堵塞或黏土膨胀也可能造成气井早期报废，井眼中存在凝析油或游离水，会因关井而使气层受到破坏，有时会使游离液相重新被吸入气层表面。

（3）安德森"L"气藏气井投产，其产量一般是维持在井底压力降为 15% 的范围内正常生产。当井底压力降超过 25% 时，不管它们在各断块中的构造位置如何，气井都停止生产。这些井的产气井段主要是页岩。

1.4.1.2 开发及开采方法

（1）异常高压气藏的开采机理。

由于气藏的压力、温度、组分的变化，使气藏储量产生了较大的偏差，也就是说，在开采异常高压气藏时，由于气藏压力下降，使岩层中的水挤出，促使岩石压实。挤出的水占据了以前被烃类所占的空间，并起到维持压力的作用，即水侵机理。

（2）普遍采用的套管程序。

开始用直径为 273mm 的表层套管下过淡水砂层，长约 365m。安德森砂层的地层压力梯度为 19kPa/m，故使用中间或保护套管，在直径为 250mm 的井眼中下入直径为 193.6mm 的中间套管，下到压力过渡带顶部（井深 3048 ～ 3185m）。

（3）由于存在断层，常发生漏失。为了处理漏失，常采用挤水泥或挤柴油和膨润土的办法。采用挤柴油和膨润土的成功率要高些。

1966 年 6 月在一口井做了 PVT 分析，表明露点压力为 42.2MPa。如果气井保持在露点压力以上生产时，凝析油的井口回收率为 83%。鉴于断块面积比较小，以及注入压力需要超过 41.4MPa，因而放弃了循环注气开采的建议。当井底流动压力下降到露点压力以下时，凝析油含量开始降低。

1.4.1.3 经验及教训

（1）异常高压气藏储量计算应考虑的问题。

由于异常高压气藏压力、温度、组分的变化，使气藏储量产生较大的偏差，这主要是由于泥岩水侵机理造成的，因此在计算异常高压气藏储量时，要注意超压实引起的误差。图 1.4 是安德森"L"气藏的压力降落曲线，前 12 个测压点都在静水压力以上，直线斜率较小；后三个测压点在静水压力以下，直线斜率较大。根据前一直线计算的储量，结果为 $30.365 \times 10^8 m^3$，后一直线计算的储量为 $19.7 \times 10^8 m^3$，因此以早期生产的数据来评价气藏的储量，误差达 50% 以上。

（2）安德森气藏还有一个有趣的现象：由于凝析油、淡水的蒸汽从地层中流出，而停留在油管中的游离水以及作为余流进入的液体都会在被圈闭时掉到井底，然后因静压增加被吸入或被挤回到砂层表面中，这样造成井眼周围附近的液体饱和度增加，引起气体相对渗透率的降低，从而形成较大的压降。该现象在有效渗透率低的区域特别明显，可能造成气井的早期报废。

（3）气藏砂层中微晶高岭石的存在也会引起问题。关井时蒸发的淡水会掉回井底使黏土饱和，因此当试井关井后，不能恢复生产。虽然安德森"L"气藏生产的水量很少，不会因黏土膨胀降低油井的自喷能力。但如果水量达到了黏土浸泡的临界值，就会发生上述问题。解决的办法是尽量避免油井关井，保持油井的自喷能力。

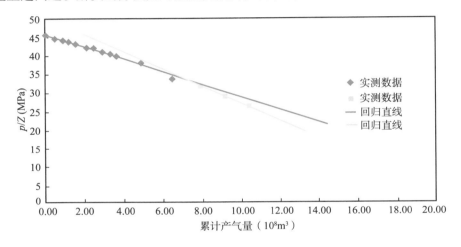

图 1.4　安德森"L"气藏压力降落曲线

p—压力；Z—压缩因子

1.4.2　特尔特—贝尤气田

特尔特—贝尤气田位于美国路易斯安那州南部的新奥尔良西南约 96.5km 处，在霍马以西 19.2km。该气田发现于 1949 年 12 月，1952 年投产。气田共有 12 个气藏，其中 6 个主气藏，产层均属新近系中新统砂岩，是一个混合驱动方式的气田。

特尔特—贝尤气田是一个含双串虫属的胡姆布雷生物层早期形成的穹隆背斜，为纯气田，走向为北东西西向，闭合高度是 45.72m。产层段有 22 个独立的含气砂岩层，分布在 1981 ~ 3657m 深度的砂岩、页岩相间的地层中，属于中新统、上新统、更新统，最新的产层属上中新统，含旋织虫属化石。气田产层的孔隙度是 29%，渗透率是 19.7 ~ 2468mD。

特尔特—贝尤气田从上至下划分为 6 个主要气藏：T2 气藏、U 气藏、Y 气藏、Z 气藏、AA 气藏、BB 气藏。全气田共有 33 口生产井，含气面积约 11.49km²，平均原始地层压力为 42.4MPa，从 T2 气藏至 U 气藏都是正常压力，平均压力梯度是 10.29kPa/m。压力梯度从 Y 气藏开始变化，Y 气藏是 10.86kPa/m，BB 气藏增大到 17.915kPa/m（压力系数 1.7915）。用压降法计算气田地质储量是 $342.2 \times 10^8 m^3$，可采储量是 $212.2 \times 10^8 m^3$，采收率 40% ~ 75%。6 个气藏中 AA 气藏储量最小，Z 气藏储量最大。

1.4.2.1 生产特征

（1）该气田生产可分为如下阶段：

①稳产阶段。气田于 1952 年投产。随着气井的增加，到 20 世纪 50 年代末，平均日产气量达到 $280 \times 10^4 m^3$。这个产量一直维持到 70 年代初。

②递减阶段。随着气田开采，构造位置较低的气井逐渐出水，生产能力降低。虽然补充了一些新井，但气田产气量从 1973 年开始递减。

③枯竭阶段。1983 年，气田大部分气产量主要产自 AA 气藏的 5 口气井，其中 2 口气井已生产 20 多年，其余 3 口是 20 世纪 70 年代中钻成的。至 1983 年，气田累计产气量 $201.3 \times 10^8 m^3$。

（2）气田中各气藏开采机理不同，有强底水驱动、边水驱动和弹性气驱动。在气田开发过程中，地层水首先侵入河道砂岩，然后溢流到海岸砂岩层，绕过低渗透性层段，沿高渗透性层段进入气藏，最后侵入低渗透性岩层。由于气田构造两翼渗透率差别大，出现构造一翼的下倾方向的水侵明显快于另一翼的现象。有的气藏生产期产水量很大，含气高度小的气藏完井时就出水；有的气井一开始出水，水产量很快就达到总流体体积的 50% ~ 60%，此后水产量不断增加直到气井水淹，含水率大于 95%。

（3）"AA"砂岩："AA"砂岩是两个异常高压气藏中的一个，衰竭开采，但早期误认为边水驱。井深 3471m，原始地层压力 49.64MPa，压力系数为 1.42（0.628）。油层厚度 2.6m，由容积法计算的地质储量估计有 $6.9 \times 10^8 m^3$，可采储量为 $4.53 \times 10^8 m^3$，采收率为 65%，预测为边水驱动。然而，接下来的生产历史表明气藏的地质储量有 $41.05 \times 10^8 m^3$，可采储量为 $34 \times 10^8 m^3$，最终采收率为 83%，井网密度为 5.625km²/井，驱动机理为衰竭开采。

20 世纪 70 年代中期，为了提高产量在 AA 层钻井 3 口，同时减轻由于产水而引起的严重的腐蚀问题，腐蚀问题是由溶解在生产水中的 CO_2 引起的。特尔特—贝尤气田的主要产量就来自"AA"砂岩的这 5 口井，估计该气藏将在补充井投产后的 5 年内衰竭。即使"AA"砂岩是通过压力衰竭来开发生产的，但自从 70 年代早期，这些气井的含水就在逐渐增加。随着气藏压力的逐渐降低，岩石孔隙由于上覆岩石压力而承受挤压，变形越来越严重。很明显，挤压改变了气水相对渗透率的性质，因而使得原生水变得可流动。

（4）"BB"砂岩："BB"砂岩井深 3623.4m，原始地层压力为 65.74MPa，气藏压力系数为 1.79，是特尔特—贝尤气田中另一个较为显著的异常高压气藏。BB 层为边水驱动，油层厚度 5.8m，井网密度为 0.89km²/ 井，可采储量为 $6.82 \times 10^8 m^3$，地质储量为 $14.15 \times 10^8 m^3$，采收率为 49% ~ 55%。

在早期开发阶段，"BB"砂岩在 3 年的时间里，气的产量较高，大约有 $13 \times 10^3 ft^3/d$（$368m^3/d$）的气，气藏静压很快从原始压力 66MPa 下降到 41MPa。在这个期间，水的产量相对来说较小。以后一年左右，当两口井报废时，产量也减小到 $42m^3/d$。在接下来的 5 年时间内，当最后一口井水淹时，气藏静压逐渐增加到 50MPa。到 1963 年，该气藏的 3 口井生产了 $6.31 \times 10^8 m^3$ 的气，之后这些井因为各种各样的操作问题而关闭。

1.4.2.2 开发的经验和教训

（1）从 1936 年开始直到 1949 年，三个石油公司钻井都未成功，其失败原因主要是地下断层多，构造复杂，钻井前没有根据地球物理资料解释出断层的存在以及鼻状构造的位置，使地面井位与地下构造发生了位移，致使 7 口探井只有 1 口井获得成功。

（2）AA 气藏开采初期，只有 1 口气井投产，虽然取得了该井 5 年的动态资料，但当时还没有足够的资料确定气藏的驱动机理。由于没有及时做气井测试工作，气藏原始压力不是实测的而是估算的。气井首次井底压力测试是在气井投产了 9 个月、采出气量 $0.34 \times 10^8 m^3$ 后才进行的。气藏首次压力恢复测试是在第 2 口气井生产了 6 年之后才进行的，因此，取得的资料不可靠，致使气藏动态分析得出错误的结论。该气藏本是气驱气藏，却误认为是边水驱动，实际储量是 $41 \times 10^8 m^3$，但计算成 $6.7 \times 10^8 m^3$，实际采收率是 83%，估算成 65%，使得气藏没能合理开发。所以，对于异常高压气藏来说，原始气藏静压的准确测量对于决定气藏的驱动机理是很有必要的。

2　异常高压气藏储层的应力敏感特征

异常高压气藏的实际开发特征受储层流体岩石物性和相关水体等多种因素的影响。油气藏采用衰竭式开采时，随着地层压力的下降，储层岩石承受的有效上覆压力（净围压）将增加，这将影响岩石的孔隙度、渗透率和孔隙压缩系数，从而影响产能和动态储量的计算。

为研究储层的应力敏感特征，异常高压气田需大量取心进行覆压实验。本节以克拉2气田覆压实验为例，详细分析了储层应力敏感对物性参数的影响以及相关的评价方法。

2.1　岩石物性参数随有效压力变化趋势

克拉 2 气田压力系数高达 2.0，投产前在 KL2 井、KL201 井、KL203 井、KL204 井和 KL205 井 5 口井上采集覆压试验岩样，覆压渗透率测试岩样 150 块，覆压孔隙度测试岩样 150 块，覆压孔隙压缩系数测试岩样 29 块，覆压孔、渗循环回路试验岩样 7 块。

如图 2.1 至图 2.3 所示，岩石渗透率、孔隙度和孔隙压缩系数随着有效压力的增加而减小，并且前期减小剧烈，中期减小变缓，孔隙压缩系数到后期逐渐趋近于一个常数，后期减小缓慢。表明气藏衰竭式开采时，随着气体的不断采出，地层压力下降，有效压力增加，储层渗透率、孔隙度和孔隙压缩系数变小，气水分布发生变化和弹性能量减小。K，ϕ 和 C 分别表示覆压下的渗透率、孔隙度和孔隙压缩系数，下标 s 表示地面条件。

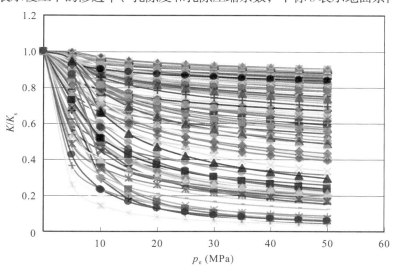

图 2.1　K/K_s—p_e 关系

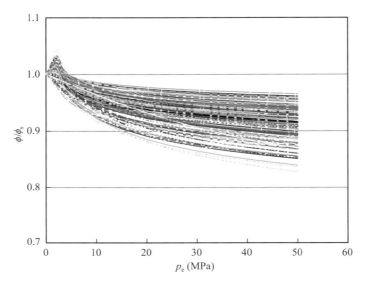

图 2.2 ϕ/ϕ_s—p_e 关系

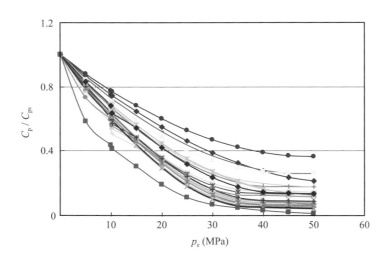

图 2.3 C_p/C_{ps}—p_e 关系

C_p—孔隙压缩系数；C_{ps}—地面条件下的孔隙压缩系数

2.2 岩石物性参数变化幅度与渗透率的相关性

同一渗透率变化区间的岩样，其渗透率、孔隙度和孔隙压缩系数下降幅度基本相同，而不同渗透率变化区间的岩样，其渗透率、孔隙度和孔隙压缩系数各自分别具有明显的差别，高渗透率变化区间的岩样下降幅度小，低渗透率变化区间的岩样下降幅度大。

2.2.1 覆压下渗透率变化特征

根据试验结果渗透率的变化特征，按照渗透率区间覆压下渗透率变化大致可以分成 4 种类型：

（1）$K > 3\text{mD}$；

（2）$0.5\text{mD} < K \leqslant 3\text{mD}$；

（3）$0.1\text{mD} < K \leqslant 0.5\text{mD}$；

（4）$K \leqslant 0.1\text{mD}$。

$K > 3\text{mD}$ 时渗透率变化形成比较明显平稳段，渗透率小于等于 0.1mD 的虽然显示有平稳段的现象，不过数据点较少，可信度较低。而渗透率为 $0.1 \sim 3\text{mD}$ 这一区间，无量纲渗透率（K_D）变化基本上不易找到平稳段。

上述 4 种覆压渗透率变化类型如图 2.4 所示，其表达式为：

$$K_D = 1.05503 p_e^{-0.06081}, \quad R^2 = 0.9999 \qquad (K > 3\text{mD}) \qquad (2.1)$$

$$K_D = 1.18336 p_e^{-0.21643}, \quad R^2 = 0.9996 \qquad (0.5\text{mD} < K \leqslant 3\text{mD}) \qquad (2.2)$$

$$K_D = 1.52703 p_e^{-0.51063}, \quad R^2 = 0.9995 \qquad (0.1\text{mD} < K \leqslant 0.5\text{mD}) \qquad (2.3)$$

$$K_D = 1.87490 p_e^{-0.78974}, \quad R^2 = 0.9986 \qquad (K \leqslant 0.1\text{mD}) \qquad (2.4)$$

式中，$K_D = K/K_s$。为了实用起见，定义原始压力条件无量纲渗透率为：$K_{Di} = K/K_i$，其中 K 为覆压下渗透率，K_i 为原始油藏压力下渗透率。

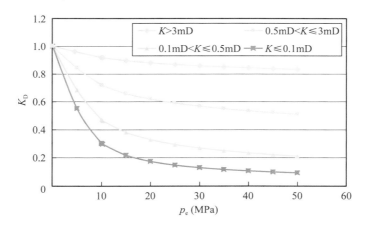

图 2.4　不同渗透率变化区间 K_D—p_e 关系

克拉 2 气田白垩系巴什基奇克组储层原始地层压力为 74.3469MPa（3750m），上覆岩层压力（3750m）约为：

$$\sigma_t=2.3（上覆岩层的平均密度）\times 3750/101.9716=84.5824MPa$$

相应于原始地层压力的有效压力为：

$$p_e=84.5824-74.3469=10.2355MPa$$

于是，转换为原始条件无量纲渗透率变化，上述 4 种覆压渗透率变化类型如图 2.5 所示。其表达式为：

$$K_{Di}=1.15200p_e^{-0.06081}，R^2=0.9999 \qquad （K>3mD） \qquad （2.5）$$

$$K_{Di}=1.165756p_e^{-0.21643}，R^2=0.9996 \qquad （0.5mD<K\leqslant 3mD） \qquad （2.6）$$

$$K_{Di}=3.29622p_e^{-0.51063}，R^2=0.9995 \qquad （0.1mD<K\leqslant 0.5mD） \qquad （2.7）$$

$$K_{Di}=6.35190p_e^{-0.78974}，R^2=0.9986 \qquad （K\leqslant 0.1mD） \qquad （2.8）$$

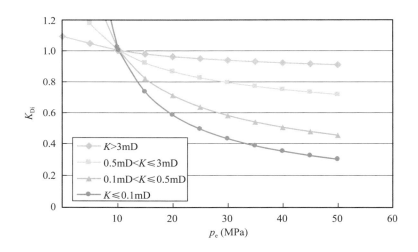

图 2.5　原始压力条件 4 种覆压渗透率变化类型的 K_{Di}—p_e 关系

2.2.2　覆压下的孔隙度变化特征

覆压下孔隙度变化可以分成如下两种类型：（1）$K>1mD$；（2）$K\leqslant 1mD$。曲线形态如图 2.6 所示，其表达式为：

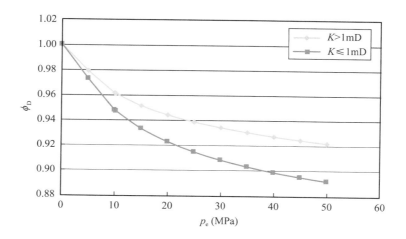

图2.6　不同渗透率变化区间 ϕ_D—p_e 关系

$$\phi_D=1.02145p_e^{-0.02631}, \quad R^2=0.9999 \qquad (K>1\mathrm{mD}) \qquad (2.9)$$

$$\phi_D=1.03503p_e^{-0.03838}, \quad R^2=0.9996 \qquad (K\leqslant 1\mathrm{mD}) \qquad (2.10)$$

式中，$\phi_D=\phi/\phi_s$。上述两种覆压孔隙度类型引入新的定义 ϕ_{Di} 后，其曲线示于图2.7，表达式为：

$$\phi_{Di}=1.06312p_e^{-0.02631}, \quad R^2=0.9999 \qquad (K>1\mathrm{mD}) \qquad (2.11)$$

$$\phi_{Di}=1.09310p_e^{-0.03838}, \quad R^2=0.9996 \qquad (K\leqslant 1\mathrm{mD}) \qquad (2.12)$$

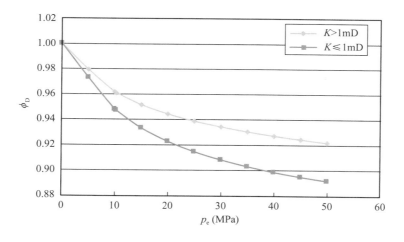

图2.7　不同渗透率变化区间 ϕ_D—p_e 关系

2.2.3 覆压下孔隙压缩系数变化特征

覆压下孔隙压缩系数变化可以分成以下两种类型：（1）$K > 5\text{mD}$；（2）$K \leqslant 5\text{mD}$。曲线形态如图 2.8 所示，其表达式为：

$$C_{\text{PDs}}=3.77606p_{\text{e}}^{-0.78338}, \quad R^2=0.9508 \qquad (K > 5\text{mD}) \qquad (2.13)$$

$$C_{\text{PDs}}=9.35665p_{\text{e}}^{-1.24937}, \quad R^2=0.9257 \qquad (K \leqslant 5\text{mD}) \qquad (2.14)$$

式中，$C_{\text{PDs}}=C_{\text{p}}/C_{\text{Ps}}$。

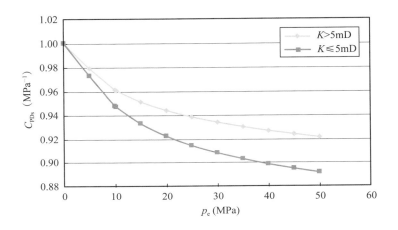

图 2.8 不同渗透率变化区间 C_{PDs}—p_{e} 关系

上述两种覆压孔隙压缩系数变化引入新定义后表示在图 2.9，表达式为：

$$C_{\text{PDi}}=5.69150p_{\text{e}}^{-0.78338}, \quad R^2=0.9508 \qquad (K > 5\text{mD}) \qquad (2.15)$$

$$C_{\text{PDi}}=16.33066p_{\text{e}}^{-1.24937}, \quad R^2=0.9257 \qquad (K \leqslant 5\text{mD}) \qquad (2.16)$$

巴什基奇克组储层岩石孔隙压缩系数与渗透率的相关关系见图 2.10，其表达式为：

$$C_{\text{p}}=61.3330048 \times 10^{-4}K^{-0.1859691}, \quad R^2=0.8389 \qquad (2.17)$$

由图 2.10 可知，岩石孔隙压缩系数与渗透率有关，岩石渗透率高，压缩系数低；反之，岩石渗透率低，压缩系数高。

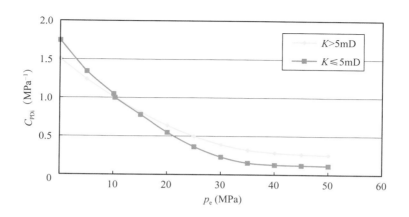

图 2.9 原始压力条件两种孔隙压缩系数变化类型的 C_{PDi}—p_e 关系

图中 C_{PDi} 定义为 $C_{PDi}=C_p/C_{pi}$；C_p—覆压下孔隙度压缩系数；C_{pi}—原始压力下孔隙度压缩系数

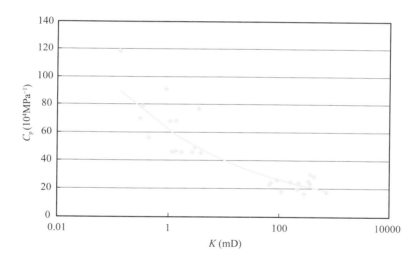

图 2.10 岩石孔隙压缩系数与渗透率的关系

2.3 储层物性在开发过程中的变化规律

2.3.1 不同渗透率区间对应储层厚度

统计 KL2 和 KL201 两口井储层剖面上不同渗透率变化区间的厚度分数，见表 2.1。

表 2.1   不同渗透率变化区间厚度统计

项目	类型	渗透率变化区间（mD）	$h/\sum h$
覆压渗透率	1	$K > 3$	0.6638
	2	$0.5 < K \leqslant 3$	0.1599
	3	$0.1 < K \leqslant 0.5$	0.0725
	4	$K \leqslant 0.1$	0.1038
覆压孔隙度	1	$K > 1$	0.7147
	2	$K \leqslant 1$	0.2853
覆压孔隙压缩系数	1	$K > 5$	0.6072
	2	$K \leqslant 5$	0.3928

2.3.2   储层物性参数综合下降规律

将前述 4 种覆压渗透变化类型，两种覆压孔隙度变化类型和两种孔隙压缩系数变化类型按表 2.1 的厚度分数综合起来，得到巴什基奇克组储层渗透率，孔隙度和孔隙压缩系数的平均下降规律，其表达式分别为：

$$K_{D}=1.04780p_{e}^{-0.12107}, \quad R^{2}=0.9929 \tag{2.18}$$

$$K_{Di}=1.51355p_{e}^{-0.17348}, \quad R^{2}=0.9862 \tag{2.19}$$

$$\phi_{D}=1.02521p_{e}^{-0.02970}, \quad R^{2}=1.0000 \tag{2.20}$$

$$\phi_{Di}=1.07155p_{e}^{-0.02974}, \quad R^{2}=1.0000 \tag{2.21}$$

$$C_{D}=4.81818p_{e}^{-0.91567}, \quad R^{2}=0.9448 \tag{2.22}$$

$$C_{PDi}=7.92445p_{e}^{-0.92982}, \quad R^{2}=0.9441 \tag{2.23}$$

根据试验数据及上述方程可得表 2.2 及图 2.11。

表 2.2 克拉 2 气田巴什基奇克组储层物性参数随压降变化

p_e（MPa）		10.2355	14.5824	24.5824	34.5824	44.5824	54.5824	64.5824	74.5824
p（MPa）		74.3469	70	60	50	40	30	20	10
K_{Di}	（1）	1.0	0.9788	0.9482	0.9287	0.9145	0.9033	0.8941	0.8863
	（2）	1.0	0.9281	0.8289	0.7699	0.7287	0.6975	0.6725	0.6519
	（3）	1.0	0.8389	0.6426	0.5398	0.4741	0.4276	0.3924	0.3646
	（4）	1.0	0.7652	0.5066	0.3869	0.3166	0.2698	0.2363	0.2109
	平均	1.0	0.9508	0.8685	0.8185	0.7833	0.7562	0.7345	0.7164
ϕ_{Di}	（1）	1.0	0.9908	0.9772	0.9685	0.9620	0.9569	0.9527	0.9491
	（2）	1.0	0.9863	0.9667	0.9541	0.9449	0.9375	0.9315	0.9264
	平均	1.0	0.9895	0.9742	0.9644	0.9571	0.9514	0.9466	0.9426
C_{PDi}	（1）	1.0	0.7578	0.5034	0.3853	0.3158	0.2695	0.2362	0.2110
	（2）	1.0	0.6426	0.3347	0.2185	0.1591	0.1235	0.1001	0.0836
	平均	1.0	0.7196	0.4428	0.3224	0.2546	0.2109	0.1804	0.1578

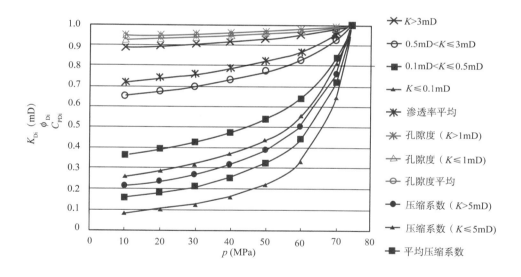

图 2.11 KL2 气田白垩系巴什基奇克组储层物性参数与地层压力的关系

2.3.3 岩石应力敏感对气藏开发的影响

由图 2.11 和表 2.2 的分析可得出，当地层压力降至 50MPa 时，无量纲渗透率降至 0.8185，无量纲孔隙度降至 0.9644，无量纲孔隙压缩系数降至 0.3224，即分别下降了 18.15%，3.56% 和 67.76%；当地层压力降至 20MPa 时，无量纲渗透率降至 0.7345，无量纲孔隙度降至 0.9466，无量纲孔隙压缩系数降至 0.1804，即分别下降了 26.55%、5.34% 和 81.96%。即气田开发后期储层渗透率还有原始值的 75% 左右，而孔隙度下降很小，还有原始值的 95% 左右，孔隙压缩系数下降很大，只保留原始值的 20% 左右，弹性能量已释放得差不多了。由上述可见，克拉 2 气田巴什基奇组气藏岩石变形造成渗透率和孔隙度的下降不大；而孔隙压缩系数的大幅度下降，说明在开采过程中，充分发挥了弹性驱动作用。

低渗透物性夹层物性降低幅度大有助于改善开发效果。当地层压力降至 20MPa 时，低渗透岩石的渗透率急剧减小，例如 $0.1mD < K \leq 0.5mD$ 的储层部分，无量纲渗透率降至 0.3924，即下降了 60.76%，但这部分储层的体积不大，只占 7.25%，故对整个储层产能的影响不大；$K \leq 0.1mD$ 的储层部分，无量纲渗透率降至 0.2363，即下降了 76.37%，但这部分为非储层，即物性夹层。物性夹层渗透率的进一步降低，对边、底水的推进有阻挡作用，因而有助于改善开发效果。

由上述数据不难发现，在克拉 2 气田中渗透率相对较高储层（$K_s \geq 3mD$）的厚度为储层总厚度的 66.38%，约 2/3 左右，而渗透率相对较低储层（$0.5mD \leq K_s < 3mD$、$0.1mD \leq K_s < 0.5mD$ 和 $K_s < 0.1mD$）的厚度仅占 33.62%，约 1/3 左右。根据上一节对实验数据分析的结论：岩石渗透率随净上覆压力的增加而降低，渗透率高的降低的程度小，渗透率低的降低的程度大，表明岩石形变对产能的影响主要体现在其对低渗透层的影响上，克拉 2 气田低渗透层所占储层的比例较小，因此，岩石形变对产能的影响将不会很大。

3　地层压力的确定方法

　　高压、高产气井进行不稳定测试时，在关井后很短的时间内井口压力急剧上升到一个高点，随后井口压力开始下降，而开井时井口压力变化平缓，且呈上升趋势。针对井口压力动态的这一异常现象，本章分析了气井井底压力计算方法，深入研究气井在生产及关井过程中井筒热损失机理，建立井筒压力温度预测模型，提出高产气井测试压力动态异常的处理方法，并对克拉 2 气田井口压力恢复进行了解释。

3.1　单井地层压力的确定

　　气井地层压力是气藏地质研究和评价、储量计算、产能计算和评价、动态分析等多项科研工作的重要参数。要获得稳定可靠的地层压力，目前的主要方法就是实测法，但实测一般需要关井较长时间，尤其低渗透气井需关井数月甚至半年以上的时间，这不仅影响井正常生产，而且测压成本较高；如果由于某种原因，气藏超高压、压力计下入井筒遇阻，或者压力计故障，无法测压或测试结果误差大，将对科研工作和生产管理带来不利。针对这些不利因素，前人还提出了计算气井地层压力的几种方法，通过理论计算或利用短期关井恢复曲线的推算，便可以得到当前的地层压力，在一定程度上弥补了上述因素带来的缺陷。

　　（1）实测法。这是切实可行又在现场应用较广的方法。具体就是把生产井关闭，同时，在井下下入压力计，用点测或连续监测压力恢复曲线的方法，取得关井后的井底静压力，从而得到地层压力。该方法在现场应用时，分两种情况：一种是在整个关井过程中，根据允许的时间，以最高压力值作为地层压力；另一种是先关井一段时间后再下压力计点测，以点测的最高压力值作为地层压力。这种方法现场应用比较方便，因此也得到了较为广泛的应用，但要求的关井时间较长（一般 3d 以上）。

　　（2）系统试井法。基于气井系统试井原理，在气井正常生产过程中，至少改变三次工作制度（产量由小到大），要求每一工作制度生产至稳定状态。根据气井产能方程通式，利用至少三组对应稳定的产量、井底流压，联立产能方程组。求解该方程组，便得到当前可靠的地层压力，同时得到稳定产能方程和无阻流量。

　　（3）压力恢复曲线外推法。该方法利用压力恢复试井解释结果，从而确定气井模型，再模拟该井继续关井，利用试井软件预测气井压力恢复曲线走势，取压力恢复速率为 0.01MPa/d 时的恢复压力为地层压力。

在给定压力恢复程度的前提下，压力恢复速率是储层物性和外围补给条件的综合反映。具体来说就是渗透率越高，压力恢复速率越快；如果储层外围变差或存在边界，需要更长的时间压力才能恢复稳定。由于通过压力恢复试井解释及长期生产的拟合检验确定的气井模型是气井渗流范围内储层物性、外围边界等情况的综合反映，因此预测的气井压力恢复曲线走势及确定的地层压力是较为准确的。

（4）稳定点二项式产能推算法。该方法就是利用流体拟稳态流时气井的产能表达式，从影响气井产量大小的三个主要因素（地层系数、生产压差、气井的完井质量）入手，逐步确定表达式中的各种参数，从而得出含有表征气井供气范围内储层物性参数的地层系数值的二项式产能方程，再用气井初始地层压力及一个现场实测的稳定产能点反求 Kh 值，这样就得出了气井初始状态的产能方程。然后假定产能方程在目前状态下没有变化，用当前一个现场实测的稳定产能点，采用迭代法计算出随压力变化的天然气黏度、压缩因子等参数，进而得到该气井目前的产能方程，计算出目前地层压力。

（5）动态模型推算法。该方法以不稳定试井解释为基础，建立气井的动态模型，并通过较长时间的压力历史拟合检验，确认气井附近不渗透边界分布。对于确认为存在有限封闭边界的气井，利用试井解释软件物质平衡法，会自动产生地层压力值随时间变化曲线，可以实时确定气井地层压力。

以上几种方法确定气井地层压力都有不同的优点及不足，不同的方法适用于不同类型的气井，下面就几种方法的优缺点及适用性做简单的对比，以便针对不同的气井应用不同的方法，确定更为准确的地层压力，见表3.1。从对比表中可以看出，获得稳定、可靠的地层压力，最直接的方法是实测法，但对于低渗透气井一般需要长时间的关井；基于产能试井理论的系统试井法、稳定点二项式产能推算法，通过计算可以求得当前地层压力，并得到气井的稳定产能方程及无阻流量；基于不稳定试井解释的压力恢复曲线外推法、动态模型推算法，通过不稳定试井解释及压力历史拟合，可以推算出气井的当前地层压力，还可以确定气井产能的衰减情况。

对于不同类型的气井可以采用不同的方法确定气井目前地层压力，相互补充，进而确定整个气藏的地层压力，为气藏的地质研究和评价、储量计算、产能计算和评价等提供重要的参数。

表 3.1　确定气井地层压力的几种方法优缺点及适用条件对比表

方法	实测法	系统试井法	压力恢复曲线外推法	稳定点二项式产能推算法	动态模型推算法
优点	确定结果准确	①计算过程简单；②同时可以确定产能方程及无阻流量	推算过程简单	①可以确定气井产能衰减情况；②可以确定产能方程及无阻流量	①能够准确刻画地层压力值随时间变化曲线；②可以时时确定气井地层压力

方法	实测法	系统试井法	压力恢复曲线外推法	稳定点二项式产能推算法	动态模型推算法
缺点	①测试成本高；②受井筒测试条件影响大；③需要较长时间关井	①测试周期长；②不适用于非均质储层气井	结果完全依赖于试井解释建立的气井动态模型的可靠程度	部分参数确定较困难	适用范围较小，需要准确的地质模型
适用条件	满足测试工艺条件的气井	均质储层中的气井	进行过压力恢复试井并测得可靠压力恢复资料的气井	气井稳定生产，且气体性质、地层参数相对稳定	有准确的地质模型，历史拟合准确

3.2　巨厚气藏平均地层压力的确定

目前，利用气井地层压力加权平均计算气藏平均地层压力的方法主要有：算术平均法、厚度加权平均法、面积加权平均法、有效孔隙体积加权平均法、累计产气量加权平均法和压力平方差等。

（1）算术平均法。

气藏各部分储层物性相近、单井控制范围差异小时，采用算术平均法计算。

$$\overline{p} = \frac{\sum_{j=1}^{n} p_{R_j}}{n} \tag{3.1}$$

（2）厚度加权平均法。

气藏储层平面上连通性比较好、纵向上厚度变化比较大时，采用厚度加权平均法计算。

$$\overline{p} = \sum_{j=1}^{n} \left(\frac{h_j}{h}\right) p_{R_j} \tag{3.2}$$

（3）面积加权平均法。

气藏储层平面上连通性比较好，且气藏孔隙度、厚度参数变化较小时，采用面积加权平均法计算。

$$\overline{p} = \sum_{j=1}^{n} \left(\frac{A_j}{A}\right) p_{R_j} \tag{3.3}$$

（4）有效孔隙体积加权平均法。

气藏参数变化比较大时，采用有效孔隙体积加权平均法计算。

$$\overline{p} = \sum_{j=1}^{n} \left(\frac{V_j}{V} \right) p_{R_j} \tag{3.4}$$

（5）累计产气量加权平均法。

气藏静动态参数缺少、气藏处于视稳定生产阶段时，采用累计产气量加权平均法计算。

$$\overline{p} = \frac{\sum_{j=1}^{n} p_{R_j} G_{pj}}{\sum_{j=1}^{n} G_{pj}} \tag{3.5}$$

（6）压力平方差法。

压力平方差法的最佳适用条件为各单井控制范围基本覆盖全气藏、气藏采出程度较低、第一时间点各井折算地层压力接近、气井产量与单井控制区域孔隙体积成正比的情况。

$$\overline{p^2}(t_1) - \overline{p^2}(t_2) = \frac{\sum_{j=1}^{n} \left[p_{R_j}^2(t_1) - p_{R_j}^2(t_2) \right] q_j(t_2)}{\sum_{j=1}^{n} q_j(t_2)} \tag{3.6}$$

3.3　异常高压井底压力折算方法研究

在气井生产系统分析中，气层压力和井底流压均是十分重要的数据。取得这些数据的途径，一是下入井下压力计实测，二是通过井口压力计算。

对于高温高压气井，有时很难进行井底压力测试。如果要关井下压力计，一种情况是井口压力高，防喷管上的密封圈容易刺坏；另一种情况是井筒内流体存在一定腐蚀性，压力计钢丝容易腐蚀，使压力计掉入到井底。另外，有时生产试气气量太大，压力计难以下入，甚至造成多种事故。鉴于这些情况，除特殊情况（如井下积液等）必须下压力计实测外，高温高压气井一般均是根据井口测压计算气层压力和井底压力。

计算气井井底压力分静止气柱和流动气柱两种计算方法。气井关井时，油管和环形空间内的气柱均不流动。井口压力稳定后，录取井口最大关井压力，按静止气柱公式计算气层压力。气井生产时，计算井底压力的方法视气井生产情况而定。一般而言，只要存在静止气柱和油管与套管之间没有封隔器封隔，尽可能用静止气柱公式计算井底压力，这是一条应该遵循的原则。如果油管和环形空间同时采气或者井下有封隔器，这种情况下气井采气时找不到静止气柱，只能录取井口流动压力，按流动气柱公式计算井底流动压力。

本章主要内容即是通过在对常规气井井底压力计算方法分析研究的基础上，确定适合超高压特高产气井的井底压力计算模型。

3.3.1 井底压力计算的基本方法和原理

计算气井井底流动压力和静止压力方法的基础为能量守恒方程。对于一口垂直产气井，在单相、恒温和稳定流动条件下，根据热动力学第一定律，得到如下的能量守恒方程式：

$$\mathrm{d}z + \frac{100}{\gamma_{\mathrm{g}}}\mathrm{d}p + \frac{fv^2}{2gd}\mathrm{d}z + \frac{v}{g}\mathrm{d}v + W_{\mathrm{m}} = 0 \qquad (3.7)$$

式中　z——向上为正的垂直距离，m；

　　　γ_{g}——井筒内天然气的密度，$\mathrm{g/cm^3}$；

　　　p——井筒内处的气体压力，MPa；

　　　f——无量纲的摩擦阻力系数；

　　　v——井筒内气体的平均流速，m/s；

　　　g——重力加速度，$\mathrm{m/s^2}$；

　　　d——油管内径，m；

　　　W_{m}——机械功，N·m。

式（3.7）中的第 1 项为位能变化；第 2 项为压缩膨胀变化；第 3 项为摩擦影响的压力变化；第 4 项为动能影响的压力能变化；第 5 项为气体做的机械功。对于关井后的气体停止流动，动能和摩阻的影响为零。因此式（3.7）可以简化为：

$$\frac{\mathrm{d}p}{\rho_{\mathrm{g}}g} + \mathrm{d}x + W_{\mathrm{m}} = 0 \qquad (3.8)$$

3.3.2 关井井底压力常规计算方法

关于井筒中压力分布、由井口压力计算井底压力以及由井底压力推算井口压力，国内外已有众多研究。但这些方法是否适合超高压气井的计算，仍然是一个值得探讨的问题。为了做更深入的研究，有必要对常规气井井筒压力方法进行分析。首先考虑关井井底压力的计算方法。

3.3.2.1 平均温度和平均偏差系数法

考虑井筒温度、气体偏差系数为常数时，气井井底压力计算为：

$$p_{\mathrm{ws}} = p_{\mathrm{ts}}\mathrm{e}^{\frac{0.03484\gamma_{\mathrm{g}}H}{TZ}} \qquad (3.9)$$

其中

$$\overline{T} = \left(T_{ws} + T_{ts}\right) / 2$$

$$\overline{Z} = \left(Z_{ws} + Z_{ts}\right) / 2$$

式中　p_{ws}——气井井底压力，MPa；

　　　p_{ts}——气井井口压力，MPa；

　　　H——油管下到气层中部深度，m；

　　　$\overline{T}$——管柱气体平均温度，K；

　　　$\overline{Z}$——平均温度下的天然气偏差因子，K；

　　　T_{ws}，T_{ts}——分别为气井井底和井口温度，K；

　　　Z_{ws}，Z_{ts}——分别为气井井底和井口天然气偏差因子。

对于静压计算：

$$\overline{p} = \left(p_{ws} + p_{ts}\right) / 2$$

式中　$\overline{p}$——管柱气体平均压力，MPa。

气井静压计算目前多用的是一步法，在已知井口压力的条件下，其计算步骤如下：

（1）计算平均压力$\overline{p}$、平均温度$\overline{T}$；

（2）利用气体组分计算天然气相对密度γg、平均压力和平均温度下的天然气偏差因子$\overline{Z}$；

（3）利用式（3.9）计算$p_{ws}^{(1)}$，并与$p_{wf}^{(0)}$比较。若满足精度要求，则$p_{ws}^{(1)}$即为所求。若不满足精度要求，重复步骤（1）～（3），直至满足精度要求。

或取 $Z=1$ 为初值，$\overline{Z}$为迭代值；或规定迭代次数为迭代判别标准。也可用多步法进行迭代求解，分段使用静压计算公式。为气井静压赋初值，一般用以下经验公式计算：

$$p_{ws}^{(0)} = p_{ts} + \frac{p_{ts}H}{12192} \tag{3.10}$$

3.3.2.2　Cullender&Smith 法

令：

$$J = \frac{TZ}{p} \tag{3.11}$$

则根据 Cullender&Smith 法，对于静止气柱有：

$$\begin{cases} p_{mf} = p_{tf} + \dfrac{0.03415\gamma_g H}{J_{mf} + J_{tf}} \\[2mm] p_{wf} = p_{mf} + \dfrac{0.03415\gamma_g H}{J_{wf} + J_{mf}} \end{cases} \tag{3.12}$$

式中　p_{mf}——气井中点未知压力，MPa；

　　　J_{mf}——p_{mf}、T_{mf}（中点温度）条件下的被积函数，K/MPa；

　　　J_{tf}——井口条件（p_{tf}，T_{tf}）下的被积函数，K/MPa；

　　　p_{wf}——未知井底流动压力，MPa；

　　　J_{wf}——井底条件（p_{wf}，T_{wf}）下的被积函数，K/MPa。

3.3.3　开井井底流动压力常规计算方法

3.3.3.1　干气井井底压力计算方法

考虑井筒温度、气体偏差系数为常数时，积分得：

$$p_{wf} = \sqrt{p_{tf}^2 e^{2S} + \frac{1.324 \times 10^{-18} \lambda \left(\overline{TZ}\right)^2 q_{sc}^2}{d^5}\left(e^{2S} - 1\right)} \tag{3.13}$$

$$S = \frac{0.03484\gamma_g H}{\overline{TZ}} \tag{3.14}$$

式中　p_{wf}——气井井底流压，MPa；

　　　p_{tf}——气井井口流压，MPa；

　　　$\overline{p}$——管柱气体平均压力，MPa。

对于静压计算：

$$p_{wf} = p_{tf} e^{\frac{0.03484\gamma_g H}{\overline{TZ}}} \tag{3.15}$$

由于气体在管内流动，气体压力呈抛物线型分布，管内平均压力由式（3.16）给出：

$$\overline{p} = \frac{2}{3}\left(p_{wf} - \frac{p_{tf}^2}{p_{wf} + p_{tf}}\right) \tag{3.16}$$

引入有效直径并建立环形空间流速和环形空间摩阻表达式后代入整理可以得到平均温度和平均偏差系数表示的井底压力：

$$p_{wf} = \sqrt{p_{tf}^2 e^{2S} + \frac{1.324 \times 10^{-18} \lambda \left(\overline{TZ}\right)^2}{\left(d_2 - d_1\right)^3 \left(d_2 + d_1\right)^2}\left(e^{2S} - 1\right)} \tag{3.17}$$

摩阻系数 λ 的计算方法在后面章节将会深入研究，对 Re 须用下式计算：

$$Re = 1.766 \times 10^{-2} \frac{q_{sc} y_g}{\mu_g (d_2 + d_1)} \tag{3.18}$$

3.3.3.2 Cullender&Smith 法

令：

$$F^2 = \frac{1.324 \times 10^{-18} f q_{sc}^2}{d^5} \tag{3.19}$$

则：

$$J = \frac{\dfrac{p}{TZ}}{\left(\dfrac{p}{TZ}\right)^2 + F^2} \tag{3.20}$$

于是借助于静止气柱的 Cullender&Smith 法，可以得到：

$$\begin{cases} p_{mf} = p_{rf} + \dfrac{0.03415 y_g H}{J_{mf} + J_{tf}} \\ p_{wf} = p_{mf} + \dfrac{0.03415 y_g H}{J_{wf} + J_{mf}} \end{cases} \tag{3.21}$$

式中　p_{mf}——气井中点未知压力，MPa；

J_{mf}——p_{mf}、T_{mf}（中点温度）条件下的被积函数，K/MPa；

J_{tf}——井口条件（p_{tf}，T_{tf}）下的被积函数，K/MPa；

p_{wf}——未知的井底流动压力，MPa；

J_{wf}——井底条件（p_{wf}，T_{wf}）下的被积函数，K/MPa。

3.3.4　井筒压力与温度预测模型

气体通过井筒从井底流动到井口的过程，是温度与压力同时发生变化的过程。随着温度和压力的变化，气井的性质也会产生相应的变化，其变化主要在于气体的PVT物性。在气体流经井筒的过程中，环境条件对气体流动有着重要影响，在这些因素中温度环境是至关重要的。温度环境包括地面温度和深度、恒温层温度和深度、变温层温度和深度以及井底温度本身，在此，变温层的温度指的是由于气体在井筒中的流动，使得近井筒周围的温度发生了一定的变化，存在这种变化的地层称为变温层。从以上分析可知，建立准确的预测井筒温度分布模型是计算井筒压力分布的关键工作。

气体的密度是压力和温度的函数，因此，压力折算应当与温度的计算相耦合。在井筒中不存在流动的时候，只需要考虑到气柱的重力；一旦存在流动，高压气井气体的流动速度相当大，流动过程中产生的摩擦阻力损失也较为明显，在气体的能量损失中将会占很大的比例，因此，摩阻损失也是一重点考虑的因素。

对于深层异常高压气藏，其井筒流动是不稳态热流问题，因此综合考虑了流体性质沿井筒的变化、环境温度对井筒温度的影响。地层温度梯度是非均匀的，传热性质可以不同，通过联立能量守恒方程、动量守恒方程、质量守恒方程，建立了考虑井筒中传热以及井筒与地层传热均是不稳定的压力温度耦合计算模型。建立模型过程中做如下假设：（1）井身结构在整个气井的寿命过程中是不变的；（2）井筒中流体向外扩散是径向的；（3）井筒中套管向外扩散是固定不变的。

3.3.4.1 能量平衡方程的建立

取井底为坐标原点，垂直向上为正，在油管上取单位长度的微元控制体，能量平衡方程表示为热传导损失于地层中的热量加上流出单位长度控制体的能量。流入微元体的热量 − 流出微元体的热量 − 向第二界面径向传递的热量 = 微元体内热量的变化量。根据流体内能 E、流体焓 H 和流体的质量流速，控制体内的质量、内能以及井筒系统内能损失，而建立能量平衡方程（图 3.1）。

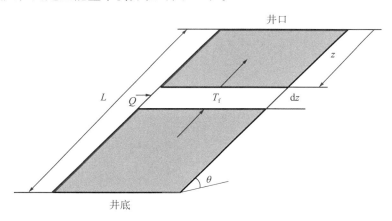

图 3.1 井筒气体能量平衡方程的建立

能量平衡方程可以表示为：

$$Q = \frac{\mathrm{d}(mE)}{\mathrm{d}t} + \frac{\mathrm{d}(m'E')}{\mathrm{d}t} - \frac{\mathrm{d}}{\mathrm{d}z}\left[w\left(H + \frac{v^2}{2} - gz\sin\theta \right) \right] \qquad (3.22)$$

式中　Q——热能；

　　　m——质量；

　　　E——流体内能；

　　　E'——被套管和水泥环吸收的能量；

  H——流体焓；

  w——质量流速；

  v——运动黏度；

  z——井筒深度。

  方程的右边第一项表示内能的变化量，右边第二项表示被套管和水泥环吸收的能量，此项在计算井筒和地层热交换中是非常重要的一部分，漏掉后将会导致较大的计算误差。

  从井筒向地层传热表示为：

$$Q = -wc_p \left(T_\mathrm{f} - T_\mathrm{ei} \right) L_\mathrm{R} \tag{3.23}$$

式中 c_p——气体的比热容；

  T_f——流体温度；

  T_ei——原始地层温度；

  L_R——松弛距离。

  式（3.17）中 L_R 定义为松弛距离参数，其表达式如下：

$$L_\mathrm{R} = \frac{2\pi}{c_p w} \left[\frac{r_\mathrm{to} U_\mathrm{to} K_\mathrm{e}}{K_\mathrm{e} + r_\mathrm{to} U_\mathrm{to} f(t)} \right] \tag{3.24}$$

式中 r_to——热传导半径；

  U_to——总传热系数；

  K_e——地层渗透率。

  这里 $f(t)$ 表示温度分布函数，其表达式为：

$$f(t) = \ln \left[\mathrm{e}^{-0.2 t_\mathrm{D}} + \left(1.5 - 0.3719 \mathrm{e}^{-t_\mathrm{D}} \right) \sqrt{t_\mathrm{D}} \right] \tag{3.25}$$

  无量纲时间：

$$t_\mathrm{D} = at / r_\mathrm{w}^2$$

式中 r_w——井筒半径。

  导温系数：

$$a = K_\mathrm{e} / \left(\rho_\mathrm{e} c_\mathrm{e} \right)$$

式中 ρ_e——地层密度；

  c_e——地层比热容。

  在早期的开井生产中质量流速 w 随着井筒深度而变化，单相气体亦是如此，则

$d(wH)/dz \neq wdH/dz$，然而流速稳定的时间要比温度稳定早得多，当高压气井生产达到稳定后，假定质量流速不再依赖于井筒深度的变化，认为是独立于井筒深度，把式（3.22）可以改写为以下形式：

$$\frac{d}{dz}\left[w\left(H+\frac{v^2}{2}-gz\sin\theta\right)\right]=w\left(\frac{dH}{dz}+v\frac{dv}{dz}-g\sin\theta\right)$$
$$=w\left(c_p\frac{dT_f}{dz}-C_Jc_p\frac{dp}{dz}+v\frac{dv}{dz}-g\sin\theta\right) \quad (3.26)$$

式中　C_J——焦尔—汤姆逊系数。

式（3.23）被控制体中的内能焓 H 所替换，被替换的还有压力和体积。同时，根据质量守恒，被环空和水泥环吸收的热量与井筒中的能量变化量是成比例的关系，这个比例被 AS HaSan 定义为：

$$m'E'=C_T mE \quad (3.27)$$

则式（3.22）右边前两项可以改写成：

$$\frac{d}{dt}(mE+m'E')=\frac{d}{dt}\left[mc_pT_f(1+C_T)\right] \quad (3.28)$$

C_T 被定义为热存储系数，$C_T=m'E'/mE$，不同井的 C_T 值是不同的，将关井压力恢复时 C_T 定义为 2.0，结合焦尔—汤姆逊效应和动能影响，用一个新符号 ϕ 来表示这两部分。则流体温度随时间变化的方程可以写为：

$$\frac{dT_f}{dt}=\frac{wc_pL_R}{mc_p(1+C_T)}(T_{ei}-T_f)+\frac{wc_p}{mc_p(1+C_T)}\left(\frac{dT_f}{dz}+\varphi-\frac{g\sin\theta}{c_p}\right) \quad (3.29)$$

方程中 T_{ei} 表示原始地层温度，表达式为：

$$T_{ei}=T_{eiwh}+g_Gz$$

方程表明流体温度是时间和深度的函数，对于稳定流动状态，流体温度只随井筒深度变化，dT_f/dz 等于地层的地温梯度，文献中给出了稳定流动时的温度表达式。然而通常情况下，dT_f/dz 并不完全等于地层温度梯度。

$$T_f=T_{ei}+\frac{1-e^{(z-L)L_R}}{L_R}\left(g_G\sin\theta+\phi-\frac{g\sin\theta}{c_p}\right)=T_{ei}+\frac{1-e^{(z-L)L_R}}{L_R} \quad (3.30)$$

其中

$$\psi = g_{\mathrm{G}} \sin \theta + \phi - \frac{g \sin \theta}{c_p} \tag{3.31}$$

稳定状态下方程可以写为：

$$\frac{\mathrm{d}T_{\mathrm{f}}}{\mathrm{d}z} = \frac{\mathrm{d}T_{\mathrm{ei}}}{\mathrm{d}z} - \frac{\mathrm{d}e^{(z-L)L_{\mathrm{R}}}}{\mathrm{d}z} \psi = g_{\mathrm{G}} \sin \theta - e^{(z-L)L_{\mathrm{R}}} \psi \tag{3.32}$$

假定式（3.32）可以将 $\mathrm{d}T_{\mathrm{f}}/\mathrm{d}z$ 用到不稳定流动模型，则式（3.31）表示为：

$$\frac{\mathrm{d}T_{\mathrm{f}}}{\mathrm{d}t} = \frac{wc_p L_{\mathrm{R}}}{mc_p\left(1+C_{\mathrm{T}}\right)}\left(T_{\mathrm{ei}} - T_{\mathrm{f}}\right) + \frac{wc_p}{mc_p\left(1+C_{\mathrm{T}}\right)}\left[g_{\mathrm{G}} \sin \theta - e^{(z-L)L_{\mathrm{R}}} \psi + \varphi - \frac{g \sin \theta}{c_p}\right] \tag{3.33}$$

在此引入传热学的集中参数表达：

$$a = \frac{wc_p L_{\mathrm{R}}}{mc_p\left(1+C_{\mathrm{T}}\right)} \tag{3.34a}$$

$$b = \frac{wc_p\left[1-e^{(z-L)L_{\mathrm{R}}}\right]\psi}{mc_p\left(1+C_{\mathrm{T}}\right)} = \frac{a\left[1-e^{(z-L)L_{\mathrm{R}}}\right]\psi}{L_{\mathrm{R}}} \tag{3.34b}$$

然后根据式（3.33）积分整理得到：

$$T_{\mathrm{f}} = IC e^{-at} + T_{\mathrm{ei}} + \frac{a}{b} \tag{3.35}$$

当时间 $t=0$ 时，$T_{\mathrm{f}}=T_{\mathrm{ei}}$，则方程的解为：

$$T_{\mathrm{f}} = -\frac{b}{a} e^{-at} + T_{\mathrm{ei}} + \frac{b}{a} = T_{\mathrm{ei}} + \frac{1-e^{-at}}{L_{\mathrm{R}}}\left[1-e^{(z-L)L_{\mathrm{R}}}\right]\psi \tag{3.36}$$

式（3.36）中可以得出，对于长时间的开井生产，即 t 值比较大的情况，e^{-at} 便趋近于 0，方程便变成稳定流动的方程。

在关井测试的时侯，动能可以忽略掉，当关井后质量流量 w 变成 0，能量平衡方程变成：

$$Q = \frac{\mathrm{d}\left(mE\right)}{\mathrm{d}t} + \frac{\mathrm{d}\left(m'E'\right)}{\mathrm{d}t} \tag{3.37}$$

井筒中传热量变成：

$$Q = c_p\left(T_{\mathrm{ei}} - T_{\mathrm{f}}\right)L_{\mathrm{R}}^{'} \tag{3.38}$$

松弛距离变为 $L_{\mathrm{R}}^{'}$，由于省去了 w，可以写成：

$$L_{\mathrm{R}}^{'} = \frac{2\pi}{c_p}\left[\frac{r_{\mathrm{to}} U_{\mathrm{to}} K_{\mathrm{e}}}{K_{\mathrm{e}} + r_{\mathrm{to}} U_{\mathrm{to}} f\left(t\right)}\right] \tag{3.39}$$

联立式（3.37）至式（3.39）和式（3.26）可以得到：

$$\frac{\mathrm{d}T_\mathrm{f}}{\mathrm{d}t} = \frac{L_\mathrm{R}^{'}}{m\left(1+C_\mathrm{T}\right)}\left(T_\mathrm{ei}-T_\mathrm{f}\right) \tag{3.40}$$

解方程得：

$$T_\mathrm{f} = IC\mathrm{e}^{-a't} + T_\mathrm{ei} \tag{3.41}$$

类似于前述式（3.34），引入传热中的集中参数 a'，表达式为：

$$a' = \frac{L_\mathrm{R}^{'}}{m\left(1+C_\mathrm{T}\right)} \tag{3.42}$$

使用初始条件，$T_\mathrm{f}=T_\mathrm{fo}$（流体温度是关井时的温度），当 $\Delta t=0$ 时，可以获得关井时的流体温度：

$$T_\mathrm{f} = \left(T_\mathrm{fo}-T_\mathrm{ei}\right)\mathrm{e}^{-a't} + T_\mathrm{ei} \tag{3.43}$$

3.3.4.2 质量守恒方程

根据流体力学分析，气体在井筒内的流动可用质量守恒方程、动量守恒方程、真实气体定律来描述。首先，将气相管流考虑为稳定的一维问题，在井筒中取一微元体。如图 3.2 所示，以井筒轴线为坐标轴 z，规定坐标轴正向与流向一致，定义斜角 θ 为坐标轴 z 与水平方向的夹角。

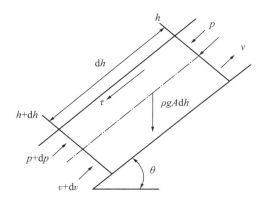

图 3.2 管压降流示意图

根据物理学的动量定理可知，对于某一单元深度的动量守恒方程，作用于单元体的外力之和应等于流体动量的变化，即：

$$\sum F_z = \rho A \mathrm{d}h \frac{\mathrm{d}v}{\mathrm{d}t} \tag{3.44}$$

作用于单元体的外力包括重力沿 z 轴的分力（$\rho g A \mathrm{d}h\sin\theta$）、压力 $[pA-(p+\mathrm{d}p)A]$、

管壁摩擦阻力（$\frac{\lambda\rho v^2}{2d}$），将这几个力代入式（3.44）中并整理得到一维动量守衡方程的微分表达式：

$$-\frac{\mathrm{d}p}{\mathrm{d}h} = \rho v \frac{\mathrm{d}v}{g_c \mathrm{d}h} + \frac{\rho g \sin\theta}{g_c} + \frac{\lambda\rho v^2}{2g_c d} \tag{3.45}$$

假设无流体通过管壁流出和流入，即流过流动管道的质量流量应保持恒定，由质量守恒得到如下方程：

$$\frac{\mathrm{d}(\rho v A)}{\mathrm{d}h} = 0 \tag{3.46}$$

即：

$$\frac{\rho\mathrm{d}v}{\mathrm{d}h} = \frac{v\mathrm{d}\rho}{\mathrm{d}h} \tag{3.47}$$

真实气体状态方程描述了气体压力、体积和温度之间的关系，干气气体密度可由气体状态方程表示为：

$$\rho = \frac{Mp}{ZRT_f} = 3484.48\gamma\frac{p}{ZT_f} \tag{3.48}$$

式中　M——气体分子量，无量纲；

　　　R——通用气体常数，$R=0.008314\ \mathrm{MPa\cdot m^3/(kmol\cdot K)}$；

　　　γ——气体相对密度，无量纲。

根据以上温度模型和动质量守恒方程联立可以表示为压力、温度、流速和密度梯度的方程组，即井筒压力与温度分布的耦合模型，其模型如下：

开井温度　$T_f = -\frac{b}{a}\mathrm{e}^{-at} + T_{ei} + \frac{b}{a} = T_{ei} + \frac{1-\mathrm{e}^{-at}}{L_R}\left[1-\mathrm{e}^{(z-L)L_R}\right]\psi$

关井温度　$T_f = (T_{fo} - T_{ei})\mathrm{e}^{-a't} + T_{ei}$

动量守恒　$-\frac{\mathrm{d}p}{\mathrm{d}h} = \rho v \frac{\mathrm{d}v}{g_c \mathrm{d}h} + \frac{\rho g \sin\theta}{g_c} + \frac{\lambda\rho v^2}{2g_c d}$

质量守恒　$\frac{\rho\mathrm{d}v}{\mathrm{d}h} = \frac{v\mathrm{d}\rho}{\mathrm{d}h}$

流体密度　$\rho = \frac{Mp}{ZRT_f} = 3484.48\gamma\frac{p}{ZT_f}$

通过求解上述模型，便可获得任意时间和任意位置的压力和温度。在求解过程中，确定 L_R 值涉及时间离散点上的 Q_i，Q_i 既是时间与位置的函数，也与任意时刻的传热量有关，即井筒不稳态传热问题。由此，所建立模型即为考虑井筒和地层不稳定传热的开井与关井压力温度耦合模型。

3.3.4.3 气体偏差因子计算

在计算井底流压以及压力与拟压力的关系曲线时还需要计算对应不同压力下的天然气偏差因子。作为常规气井，组分含量以轻质组分为主，其偏差因子的计算方法已经比较成熟，计算方法比较多。但诸多的方法能否适用于高温高压气井的偏差因子计算，有必要对异常高压气藏偏差因子的计算方法适应性进行研究，首先对以下常用的 4 种偏差因子计算方法进行分析。

（1）DAK 模型。

$$
\begin{aligned}
Z = &\left(A_1 + \frac{A_2}{T_{pr}} + \frac{A_3}{T_{pr}^3} + \frac{A_4}{T_{pr}^4} + \frac{A_5}{T_{pr}^5} \right)\rho_r + \left(A_6 + \frac{A_7}{T_{pr}} + \frac{A_8}{T_{pr}^5} \right)\rho_r^2 - \\
&A_9\left(\frac{A_7}{T_{pr}} + \frac{A_8}{T_{pr}^2} \right)\rho_r^5 + A_{10}\left(1 + A_{11}\rho_r^2 \right)\frac{\rho_r^2}{T_{pr}^3}\exp\left(-A_{11}\rho_r^2 \right) + 1.0
\end{aligned}
\tag{3.49}
$$

其中 $A_1=0.3265$，$A_2=-1.0700$，$A_3=-0.5339$，$A_4=0.01569$，$A_5=-0.05165$，$A_6=0.5475$，$A_7=-0.7361$，$A_8=0.1844$，$A_9=0.1056$，$A_{10}=0.6134$，$A_{11}=0.7210$。

$$
\rho_r = \frac{0.27 p_{pr}}{Z T_{pr}}
\tag{3.50}
$$

式中　p_{pr}——拟对比压力，无量纲；

　　　T_{pr}——拟对比温度，无量纲。

模型推荐适用条件：$0.2 < p_{pr} < 3.0$，$1.0 < T_{pr} < 3.0$。

（2）DPR 模型。

$$
\begin{aligned}
Z = &1.0 + \left(A_1 + \frac{A_2}{T_{pr}} + \frac{A_3}{T_{pr}^3} \right)\rho_r + \left(\frac{A_4}{T_{pr}} + \frac{A_5}{T_{pr}} \right)\rho_r^2 + \\
&\frac{A_5 + A_6\rho_r^5}{T_{pr}} + A_7\left(1 + A_8\rho_r^2 \right)\frac{\rho_r^2}{T_{pr}^3}\exp\left(-A_8\rho_r^2 \right)
\end{aligned}
\tag{3.51}
$$

其中 $A_1=0.31506237$，$A_2=-1.0467099$，$A_3=-0.57832729$，$A_4=0.53530771$，$A_5=-0.61232032$，$A_6=-0.10488813$，$A_7=0.68157001$，$A_8=0.684465490$。

模型推荐适用条件：$0.2 < p_{pr} < 3.0$，$1.05 < T_{pr} < 3.0$。

（3）HTP 模型。

$$\frac{1}{Z} - 1.0 + \left(A_4 T_{pr} - A_2 - \frac{A_6}{T_{pr}^2} \right) \frac{p_{pr}}{Z^2 T_{pr}^3} + \left(A_3 T_{pr} - A_1 \right) \frac{p_{pr}^3}{Z^3 T_{pr}^3} +$$

$$\frac{A_1 A_5 A_7 p_{pr}^5}{Z^6 T_{pr}^6} \left(1 + \frac{A_8 p_{pr}^2}{Z^2 T_{pr}^2} \right) \exp\left(-\frac{A_8 p_{pr}^2}{Z^2 T_{pr}^2} \right) = 0 \tag{3.52}$$

当 $0.4 < p_{pr} < 5.0$ 时：A_1=0.001290236，A_2=0.38193005，A_3=0.022199287，A_4=0.12215481，A_5=−0.015674794，A_6=0.027271364，A_7=0.023834219，A_8=0.43617780。

当 $5 < p_{pr} < 15$ 时：A_1=0.0014507882，A_2=0.37922269，A_3=0.024181399，A_4=0.11812287，A_5=0.037905663，A_6=0.19845016，A_7=0.048911693，A_8=0.0631425417。

模型推荐适用条件：$1.1 < T_{pr}$。

（4）LXF 模型。

$$Z = X_1 p_{pr} + X_2 \tag{3.53}$$

当 $8 < p_{pr} < 15$，$1.05 < T_{pr} < 3.0$ 时：

$$X_1 = -0.002225 T_{pr}^4 + 0.0108 T_{pr}^3 + 0.015225 T_{pr}^2 - 0.153225 T_{pr} + 0.241575$$
$$X_2 = 0.1045 T_{pr}^4 - 0.8062 T_{pr}^3 + 2.3695 T_{pr}^2 - 2.1065 T_{pr} + 0.6299$$

当 $15 < p_{pr} < 30$，$1.05 < T_{pr} < 3.0$ 时：

$$X_1 = 0.0148 T_{pr}^4 - 0.138816667 T_{pr}^3 + 0.49025 T_{pr}^2 - 0.794683333 T_{pr} + 0.55123333$$
$$X_2 = 0.4505 T_{pr}^4 - 4.22823333 T_{pr}^3 + 14.9684 T_{pr}^2 - 24.31156667 T_{pr} + 17.98426667$$

如图 3.3 所示，通过与 KL2−6 井 2006 年 11 月的实测偏差因子对比可以发现，

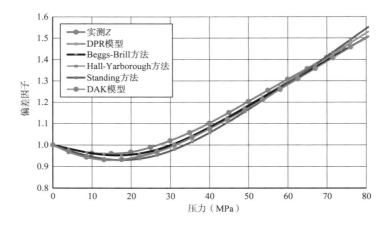

图 3.3　KL2−6 井天然气偏差因子计算对比分析

DPR 模型与 DAK 模型计算比较接近，与实测偏差因子也比较吻合，因此在涉及偏差因子计算时，优先选用 DPR 模型，在低压阶段可以使用实验实测数据插值取得，否则会对计算结果造成较大的影响。

3.3.4.4　气体黏度计算

气体黏度在标准状况和油藏条件下的范围通常是 0.01 ~ 0.03mPa·s，对于近临界状态的凝析气可以达到 0.1mPa·s。在某一压力和温度条件下估算气体的黏度一般采用两步法，首先根据 Chapman-Enskog 理论在 p_{sc} 和 T 状态下计算低压下混合物的气体黏度 μ_{gsc}，然后利用相关的气体关系式来修正上一步的计算结果。这些关系式是通过比值 μ_g/μ_{gsc} 或差值 $\mu_g - \mu_{gsc}$ 作为拟临界参数 p_{pr} 和 T_{pr}（p_{pr}—天然气视对应压力；T_{pr}—天然气视对应温度）的函数或拟临界密度 ρ_{pr} 的函数，将 p 和 T 下的黏度与低压下的黏度关联起来。

实测气体黏度困难较大，因此预测气体黏度则尤为重要。油藏分流的气体黏度通常可以从 Carr 提出的图形关系式 $\mu_g/\mu_{gsc}=f(T_r,\ p_r)$ 进行估算。Dempsey 对 Carr 关系式给出了一个多项式的近似式。利用这些关系可以精确估算出绝大多数气体黏度，误差在 ±3% 以内。Dempsey 关系式的有效范围是 $1.2 \leqslant T_r \leqslant 3$ 和 $1.2 \leqslant p_r \leqslant 3$。同样，Standing 方法的有效范围也是 $1.2 \leqslant T_r \leqslant 3$ 和 $1.2 \leqslant p_r \leqslant 3$。

Lee-Gonzalez 气体黏度关系式（当要提供气体黏度时，在绝大多数实验室使用这一关系）为：

$$\mu_g = A_1 \times 10^{-4}\,\mathrm{e}^{A_2\rho_g^{A_3}} \tag{3.54}$$

其中

$$A_1 = \frac{(9.379 + 0.01607\ln g)T_f^{1.5}}{209.2 + 19.26M_g + T_f}$$

$$A_2 = 3.448 + (986.4/T) + 0.01009M_g$$

$$A_3 = 2.447 - 0.2224A_2$$

式中　μ_g——气体黏度，mPa·s；

ρ_g——气体密度，g/cm³；

T——温度，°R；

M_g——气体相对分子质量。

McCain 指出这一关系式在气体相对密度 $\gamma_g \leqslant 1.0$ 时的精度是 2% ~ 4%，对于 $\gamma_g >$ 1.5 的富气或凝析气公式的误差将增大到 20%。

Lucas 提出了如下的气体黏度计算关系式，关系式的有效范围为 $1 \leqslant T_r \leqslant 40$、$0 \leqslant p_r \leqslant 100$。

$$\frac{\mu_g}{\mu_{gsc}} = 1 + \frac{A_1 p_{pr}^{1.3088}}{A_2 p_{pr}^{A_3} + \left(1 + A_4 p_{pr}^{A_5}\right)^{-1}} \tag{3.55}$$

其中

$$A_1 = \frac{1.245 \times 10^{-3} e^{5.1726 T_{pr}^{-0.3286}}}{T_{pr}}$$

$$A_2 = A_1 \left(1.6553 T_{pr} - 1.2723\right)$$

$$A_3 = \frac{0.4489 e^{3.0578 T_{pr}^{-37.7332}}}{T_{pr}}$$

$$A_4 = \frac{1.7268 e^{2.23 T_{pr}^{-7.6351}}}{T_{pr}}$$

$$A_5 = 0.9245 e^{-0.1853 T_{pr}^{0.4489}}$$

$$\mu_{gsc}\xi = \left(0.807 T_{pr}^{0.618} - 0.357 e^{-0.449 T_{pr}} + 0.34 e^{-4.058 T_{pr}} + 0.018\right)$$

$$\xi = 9490 \left(\frac{T_{pc}}{M^3 p_{pc}^4}\right)^{1/6}$$

$$p_{pc} = R T_{pc} \frac{\sum_{i=1}^{N} Z_{ci}}{\sum_{i=1}^{N} y_i v_{ci}}$$

ξ 单位是（mPa·s）$^{-1}$，T 和 T_{pc} 的单位是 R，p_{pc} 的单位是 psi（绝），当多种组分如 H_2S 和 K 等出现在气体混合物中时，必须在 Lucas 关系式中应用许多特殊关系式。

由于给出了广泛的适用范围，Lucas 方法被推荐为常用方法，当得到组分时，可以用比重项为主的拟临界参数关系式来作替代使用。Standing 给出了 γ_g 和 μ_{gsc} 的非线性关系式：

$$\mu_{gsc} = \left(\mu_{gsc}\right)_{uncorrected} + \Delta\mu_{N_2} + \Delta\mu_{CO_2} + \Delta\mu_{H_2S} \qquad (3.56)$$

其中

$$\left(\mu_{gsc}\right)_{uncorrected} = 8.188 \times 10^{-3} + \left[\left(1.709 \times 10^{-5}\right) - \left(2.062 \times 10^{-6}\right)\gamma_g\right]T - \left(6.15 \times 10^{-3}\right)\lg \gamma_g$$

$$\Delta\mu_{N_2} = y_{N_2}\left[\left(8.48 \times 10^{-3}\right)\lg \gamma_g + \left(9.59 \times 10^{-3}\right)\right]$$

$$\Delta\mu_{CO_2} = y_{CO_2}\left[\left(9.08 \times 10^{-3}\right)\lg \gamma_g + \left(6.24 \times 10^{-3}\right)\right]$$

$$\Delta\mu_{H_2S} = y_{H_2S}\left[\left(8.49 \times 10^{-3}\right)\lg \gamma_g + \left(3.73 \times 10^{-3}\right)\right]$$

通过回顾不同方法的计算精度，并与 Lucas 关系式相近的气体黏度关系式进行比较，认为 Lucas 方法计算范围较大，为 $1 \leqslant T_r \leqslant 40$ 和 $0 \leqslant p_r \leqslant 100$，适合高温高压气井的 PVT 物性计算，其他黏度计算仅可作为参考方法。

根据 Lucas 方法以克拉 2 气田 KL205 为例计算其黏度与压力的关系曲线如图 3.4
所示。

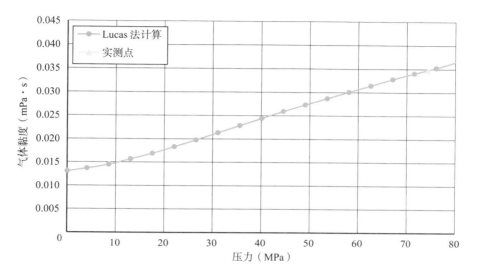

图 3.4　KL2-6 井黏度与压力的关系曲线

从图 3.4 可以看出，在低压下气体黏度 μ_g，随压力增加呈非线性增加；在高温高
压下，气体随压力增加黏度呈线性规律增加，随着温度增加，黏度减小。

3.3.4.5　摩阻系数的计算

摩阻计算在计算流压过程中也是极为关键的问题。Moody 摩阻系数可以由流体
力学中介绍的 Moody 图版确定，为适合计算机编程，在计算摩阻系数时一般采用
Colebrook 法、Jain 法和 Chen 法三个经验公式计算摩阻系数。

（1）Colebrook 法。

$$\frac{1}{\sqrt{\lambda}} = 2\lg\frac{d}{e} + 1.14 - 2\lg\left(1 + 9.34\frac{\dfrac{d}{e}}{Re\sqrt{\lambda}}\right) \tag{3.57}$$

$$Re = 1.776 \times 10^{-2} \frac{q_{sc}\gamma_g}{d\mu_g} \tag{3.58}$$

式中　λ——摩阻系数；

d/e——管径与绝对粗糙度的比值；

Re——雷诺数；

q_{sc}——地面标准条件下的气体产量；

μ_g——气体黏度，$mPa \cdot s$。

（2）Jain 法。

$$\frac{1}{\sqrt{\lambda}} = 1.14 - 2\lg\left(\frac{e}{d} + \frac{21.25}{Re^{0.9}}\right) \tag{3.59}$$

（3）Chen 法。

$$\frac{1}{\sqrt{\lambda}} = -2\lg\left(\frac{e/d}{3.7065} - \frac{5.0452}{Re}\lg A\right) \tag{3.60}$$

$$A = \frac{(e/d)^{1.1098}}{2.8257} + \left(\frac{7.149}{Re}\right)^{0.8981} \tag{3.61}$$

e/d 查《天然气工程手册》即可得到。气井除采用油管生产外，有时也采用油套环形空间生产，此时井底压力的计算引入有效直径概念：

$$d_{ef} = \frac{4A}{\chi} \tag{3.62}$$

式中　A——气体流过断面面积，m^2；

　　　χ——气体流过断面周长，m；

　　　d_{ef}——有效直径，m。

对环形空间流动：

$$d_{ef} = \frac{4 \times \frac{\pi}{4}\left(d_2^2 - d_1^2\right)}{\pi\left(d_2 + d_1\right)} = d_2 - d_1 \tag{3.63}$$

式中　d_1，d_2——分别表示油管外径、套管内径，m。

对于异常高压气藏，特别是产量较高时，上述三个经验公式并不能完全覆盖整个流动区间。因此，需采用首先判断流体所在的流动区域，然后选用相应的计算公式计算摩阻系数的方法进行求取。

对于层流，仍然采用 $\lambda = \frac{64}{Re}$，对紊流状态流动区域划分标准为：

$$\text{光滑管区 } v > 11\frac{\upsilon}{e}$$

$$\text{过渡区 } 11\frac{\upsilon}{e} \leqslant v \leqslant 445\frac{\upsilon}{e}$$

$$\text{粗糙管区 } v > 445\frac{\upsilon}{e}$$

先根据以上的划分标准计算出流体流动的区域，再采用以下经验公式计算摩阻系数：

（1）紊流光滑区。

$Re < 10^5$ 时：

$$\lambda = \frac{0.3164}{Re^{0.25}}$$

（3.64）

$10^5 < Re < 10^8$ 时：

$$\lambda = 0.0032 + 0.221Re^{-0.287}$$

（3.65）

（2）紊流过渡区。

$$\frac{1}{\sqrt{\lambda}} = -2\lg\left(\frac{e}{3.7d} + \frac{2.51}{Re\sqrt{\lambda}}\right)$$

（3.66）

（3）紊流粗糙管区。

$$\lambda = \frac{1}{\left(1.14 + 2\lg\dfrac{d}{e}\right)^2}$$

（3.67）

雷诺数的计算公式为式（3.52），而对于环形空间的流动雷诺数计算公式为：

$$Re = 1.766\times10^{-2}\frac{q_{sc}y_g}{\mu_g(d_2 + d_1)}$$

（3.68）

其中　v——断面平均流速，m/s；

υ——流体运动黏性系数，m²/s；

y_g——环形空间的流动雷诺数。

3.3.4.6　热物性参数计算

在预测井筒压力和温度时，要用到许多热物性参数，在此给出三个主要参数的计算方法。

（1）气体比热。

气体焓是温度和压力的函数：

$$\frac{dh}{dz} = \left[\frac{\partial h}{\partial p}\right]_{T_f}\frac{dp}{dz} + \left[\frac{\partial h}{\partial T_f}\right]_p\frac{dT_f}{dz}$$

（3.69）

气体焓对温度的变化率即为气体的比定压热容 c_p，可表示为：

$$\left[\frac{\partial h}{\partial T_f}\right]_p = c_p$$

（3.70）

这里根据文献中的数据，通过回归分析得到天然气比定压热容计算公式为：

$$c_p = 1697.5107 \, p^{0.0661} T_f^{\,0.0776} \tag{3.71}$$

（2）焦尔—汤姆逊系数。

根据焦尔—汤姆逊系数的定义：

$$C_J = \left(\frac{\partial T_f}{\partial p} \right)_h = -\frac{(\partial h / \partial p)_{T_f}}{(\partial h / \partial T_f)_p} = -\frac{(\partial h / \partial p)_{T_f}}{c_p} \tag{3.72}$$

得：

$$\left(\frac{\partial h}{\partial p} \right)_{T_f} = -c_p C_J \tag{3.73}$$

参考文献中关于焦尔—汤姆逊系数的计算公式：

$$C_J = \frac{R}{c_p} \frac{(2r_A - r_B T_f - 2r_B B T_f) Z - (2r_A B + r_B A T_f)}{\left[3Z^2 - 2(1-B)Z + (A - 2B - 3B^2) \right] T_f} \tag{3.74}$$

其中

$$A = r_A p / R^2 T_f^2$$
$$B = r_B p / R T_f$$
$$r_A = 0.457235 \alpha_i R^2 T_{pci}^2 / p_{pci}$$
$$r_B = 0.077796 R T_{pci} / p_{pci}$$
$$\alpha_i = \left[1 + m_i \left(1 - T_{pri}^{0.5} \right) \right]^2$$
$$m_i = 0.3746 + 1.5423 \omega_i - 0.2699 \omega_i^2$$

式中　T_{pci}，T_{pri}——组分 i 的临界温度和对比温度，K；

　　　p_{pci}——组分 i 的临界压力，MPa；

　　　ω_i——组分 i 的偏心因子，无量纲。

（3）总传热系数。

在计算井筒温度分布时用到的一个最重要的热物性参数为总传热系数，此值的大小决定着井筒中气体温度的高低，其表达式为（假设井筒中只有一层套管）：

$$U_{to} = \left(\frac{r_{to}}{r_{ti} h_f} + \frac{r_{to} \ln \dfrac{r_{to}}{r_{ti}}}{k_{tub}} + \frac{1}{h_c + h_r} + \frac{r_{to} \ln \dfrac{r_h}{r_{co}}}{k_{cem}} \right)^{-1} \tag{3.75}$$

式中 r_{ti}——油管内径，m；

r_o——油管外径，m；

r_{ci}——表套管内径，m；

r_{co}——表套管外径，m；

k_{tub}——油管热传导系数，W/（m·K）；

k_{cem}——水泥环热传导系数，W/（m·K）；

h_r——径向传热系数，W/（m·K）；

h_c，h_f——对流传热系数，膜传热系数，W/（m·K）。

应首先采用上述给出方法计算偏差因子 Z，然后计算天然气比定压热容 c_p，以及 $\left[\dfrac{\partial h}{\partial P}\right]_{T_f}$，从而得到焦尔—汤姆逊系数 C_J，最后计算其他参数。

3.3.4.7 井筒压力与温度模型计算步骤

建立的压力与温度模型中，压力和温度均为变量，因此本文采用压力与温度耦合进行关联计算，即采用双重迭代的方式来获得整个井筒的温度和压力分布，外循环求温度，内循环求压力，单相气体井筒流压计算步骤如下。计算流程如图 3.5 所示。

（1）输入井口测试压力 p_{tf}、生产时的井口温度 T_{eiwh}、井身结构数据、产气量、气体相对密度等参数；

（2）给定时间步长 Δt，给定深度步长 Δh；

（3）井底流压赋初值：$p_{wf}^{(0)} = p_{tf} + \dfrac{p_{tf}\Delta h}{12192}$；

（4）利用步骤（3）的初值 $p_{wf}^{(0)}$，根据模型中的生产温度计算公式计算气体温度 T_f；

（5）计算雷诺数，判断流体的流态，根据流态选用计算公式计算管流摩阻系数 λ；

（6）利用步骤（4）计算得到的气体温度 T_f 以及步骤（5）计算的 λ，代入模型中的压力梯度计算公式，计算井底流压 p_{wf}^*，比较 $\left|p_{wf}^{(0)} - p_{wf}^*\right| < \varepsilon$，判断井底静压是否达到精度要求，如未达到精度要求，则返回步骤（3），否则进行下一步直到算到井底，再判断时间是否结束，时间结束则停止计算，否则返回步骤（2）直到时间结束。

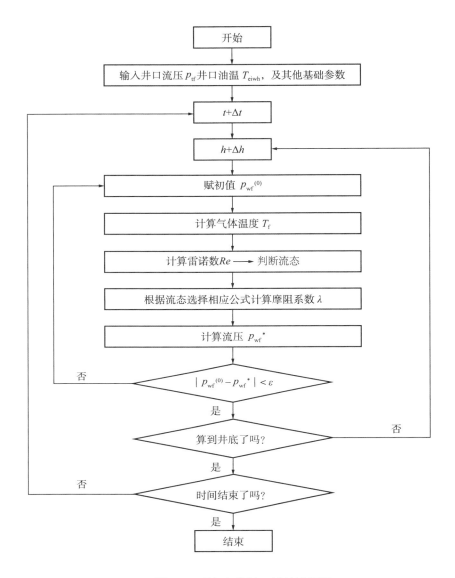

图 3.5 单相气体流压计算流程图

关井井底静压、温度计算步骤、流程框图（图 3.6）如下：

（1）输入井口测试压力 p_t、生产时的井口温度 T_f、井身结构数据、产气量、气体相对密度等参数；

（2）给定时间步长 Δt，给定深度步长 Δh；

（3）给井底静压赋初值：$p_{ws}^{(0)} = p_{tf} + \dfrac{p_{ts}\Delta h}{12192}$；

（4）利用步骤（3）的初值 $p_{ws}^{(0)}$，计算气体温度 T_f；

（5）利用步骤（4）计算得到的气体温度 T_f，根据公式计算井底静压 p_{ws}^*，比较 $\left| p_{ws}^{(0)} - p_{ws}^* \right| < \varepsilon$，判断井底静压是否达到精度要求，如未达到精度要求，则返回步骤（3），否则进行下一步直到算到井底，再判断时间是否结束，时间结束则停止计算，否则返回步骤（2）直至到时间结束。

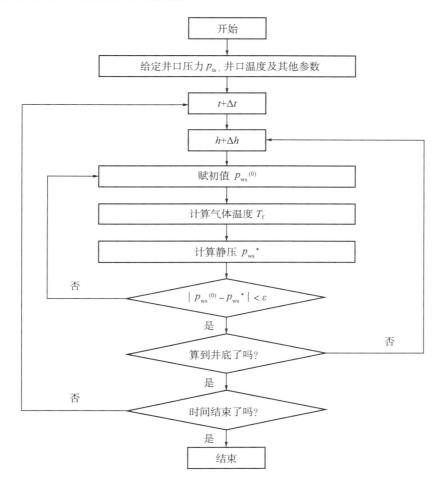

图 3.6　单相气体静压、温度计算框图

3.3.4.8　参数敏感性分析

在计算井底压力过程中当某一参数不能完全确定时，则需要进行敏感性分析，此目的是确定该参数对压力、温度计算影响的程度，其中主要考虑对压力计算影响的程度。影响压力和温度的因素较多，主要有气体偏差系数、流量、气体相对密度、地温梯度、环空和水泥环的导热系数等。在此以 KL205 井为例，进行敏感性分析，其基本参数见表 3.2 至表 3.4。

表 3.2　KL205 井气体组成及物性参数

组分	摩尔分数（%）	特征参数		
二氧化碳	0.706	临界温度（K）	临界压力（MPa）	气体相对密度
氮气	0.595			
甲烷	98.074			
乙烷	0.536			
丙烷	0.042			
异丁烷	0.003			
正丁烷	0.006			
异戊烷	0.003	$-79.97+273.15$	4.9	0.567
正戊烷	0.003			
己烷	0.002			
庚烷	0.023			
辛烷	0.007			
壬烷	—			
癸烷	—			
十一烷以上	—			

表 3.3　KL205 井井筒及地层参数

测试井深（m）	3909.0	井眼半径（m）	0.0889
油管内径（m）	0.09525	油管外径（m）	0.173
套管内径（m）	0.175	套管外径（m）	241.938
环空流体导热系数［W/(m·K)］	0.032	水泥环导热系数［W/(m·K)］	1.7
地层导热系数［W/(m·K)］	2.219	地层热扩散系数（m²/s）	7.5×10^{-5}
地温梯度（℃/m）	0.0245		

表 3.4　KL205 测试时流动参数

测试时间	气体产量（10^4m³/d）	井口压力（MPa）	井口温度（℃）	井底温度（℃）
2005.2.6—2005.2.13	113.51	60.9	66.3	100
2006.3.18—2006.3.29	171.03	53.55	71.5	100
2006.5.11—2006.5.16	197.69	49.81	74.05	100

（1）流速的影响。

取井口流速分别为 v=8.6m/s，v=13.6m/s 和 v=16.4m/s，得到井筒压力、温度分布如

图 3.7 和图 3.8 所示。图中显示气体流速（产量）对压力、温度有明显的影响。随着流速（产量）的增加，井口压力降低，井底流压略有降低，但降低幅度低于井口压力减低幅度。其原因是产量增加，气体流速随之增大，导致摩阻压降增大，同时摩擦产生热量增加，井口温差增大。

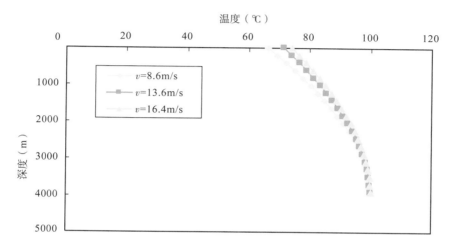

图 3.7　流速对温度的影响

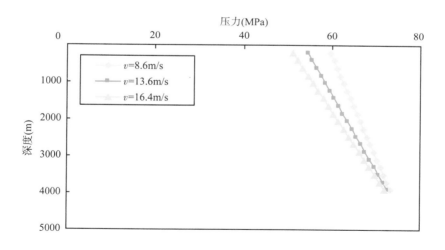

图 3.8　流速对压力的影响

（2）气体相对密度的影响。

气体相对密度（γ_g）分别取 0.5，0.7 和 0.9，计算的井筒压力、温度分布如图 3.9 和图 3.10 所示。由图可见，井筒压力随相对密度的增加而增加，越到井底，压力增加幅度越大，相对密度对井筒压力的影响比较明显，主要因为相对密度增加，气体密度随着增加，导致重力压降增加。随着气体相对密度增加，井筒温度变化比较明显，井口温度由 66℃增加到 78℃，这是由于气体相对密度增加，比热也随着增加，导致井口温度增加，随深度增加，温度增加的幅度减小。

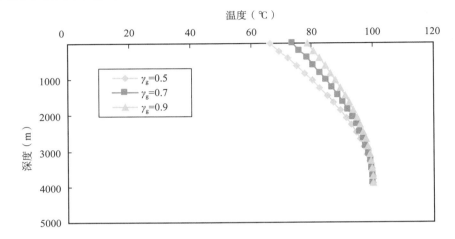

图 3.9　气体相对密度对温度的影响

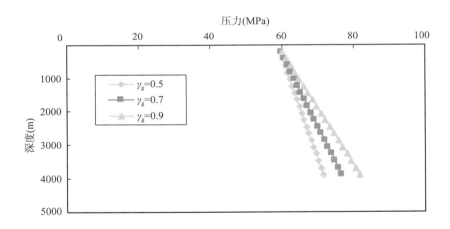

图 3.10　气体相对密度对压力的影响

（3）地温梯度的影响。

地温梯度（g_t）分别取 0.022℃ /m，0.024℃ /m 和 0.026℃ /m，得井筒压力、温度分布如图 3.11 和图 3.12 所示。图中发现，地温梯度会对井筒压力分布产生微弱的变化，地温梯度由 0.022℃ /m 变化到 0.026℃ /m 时，井口压力由 73.176MPa 降到 73.111MPa。地温梯度对井筒温度分布比压力分布要敏感，地温梯度由 0.022℃ /m 变化到 0.026℃ /m 时，井口温度由 66.3℃增加到 70.6℃。地温梯度越大，气体和地层之间的温差变大，传热量增加，引起气体温度降低。

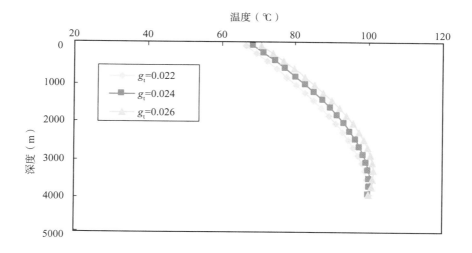

图 3.11 地温梯度对温度的影响

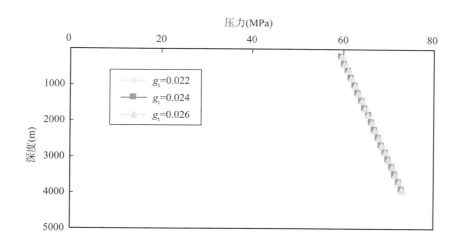

图 3.12 地温梯度对压力的影响

（4）地层导热系数的影响。

地层导热系数分别取 K_e=2.219W/（m·K），K_e=3.219W/（m·K）和 K_e=4.219W/（m·K）时，井筒压力、温度分布如图 3.13 和图 3.14 所示。图中表明，地层导热系数对井筒压力有一定的影响，当地层导热系数由 2.219W/（m·K）增加到 4.219W/（m·K）时，井口压力由 73.176MPa 变到 73.20MPa。地层导热系数对井筒温度影响比较明显，当地层导热系数由 2.219W/（m·K）增加到 4.219W/（m·K）时，井口温度由 66.3℃降到 56.22℃，其原因是地层导热系数增加，传热量增加。

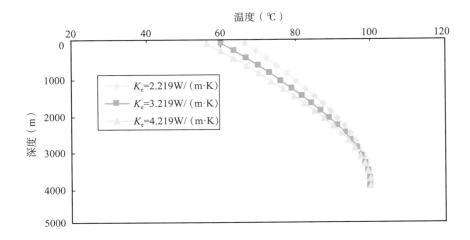

图 3.13　地层导热系数对温度的影响

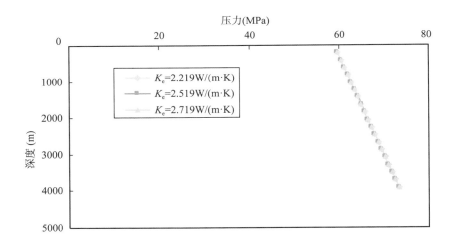

图 3.14　地层导热系数对压力的影响

（5）表面粗糙度的影响。

在温度分布模型中忽略了动能项的影响，没有考虑摩阻对温度分布的影响，只考虑了摩阻对井筒压力分布的影响。如图 3.15 和图 3.16 所示，摩阻系数随井深变化关系，摩阻系数随深度增加而增大。如图 3.16 所示，分别取表面粗糙度 $e = 3 \times 10^{-6}$，3×10^{-5} 和 3×10^{-4} 的井筒压力分布。从图中可以看出，随表面粗糙度的增加，井筒压力增加，当表面粗糙度小于 1×10^{-5} 时，表面粗糙度的变化对压力影响变小；反之，当表面粗糙度大于 1×10^{-5} 时，表面粗糙度的变化对压力影响较大。

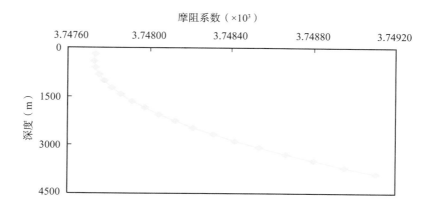

图 3.15　摩阻系数与深度变化关系曲线

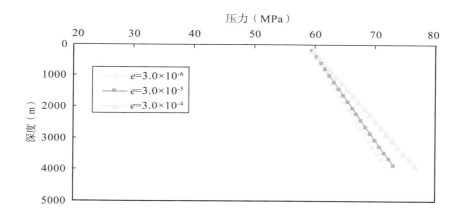

图 3.16　表面粗糙度对压力的影响

（6）油管内径和高速动能项对流压的影响。

对于超高压气井直接测试井底流压比较困难，往往采用井口计算方法获得。在研究过程中发现计算井底流压时，除了考虑温度和气体性质外，还有油管内径和管壁表面粗糙度两个因素。参数的准确取值直接影响到计算的精度，从而也影响产能的计算。

如图 3.17 所示，随着油管内径减小，井底流压增加。当油管内径大于 0.15m 时，油管尺寸对井底压力计算影响较小，当油管内径小于 0.10m 时对井底压力计算较大。如图 3.18 所示是异常高压气藏在高速流动状态下，动能项对井底压力计算的影响，从图上可以看出，考虑动能项的影响时计算的流动压力略高 0.2MPa 左右，因此在高速流动状态下，为了获得准确的井底流动压力，必须考虑动能项的影响。

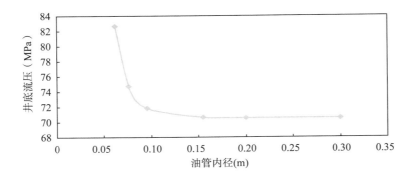

图 3.17　油管内径对井底压力的影响

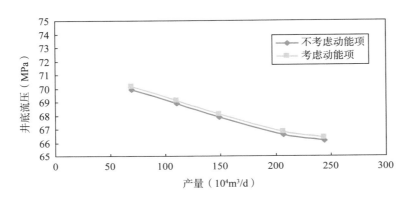

图 3.18　高速动能项对井底压力的影响

（7）温度变化对压力恢复的影响。

图 3.19 表明，在不考虑温度随时间变化时，计算的井底压力趋势与井口压力变化趋势是一致的，都出现压力恢复异常现象。如果考虑井口温度随时间变化，井底压力变化趋势与压力恢复变化趋势一致，因此，对于超高压气井井口不稳定试井折算时需考虑温度变化的影响。

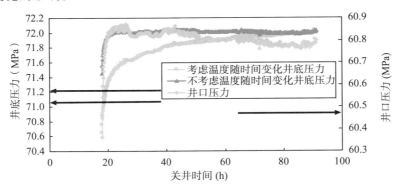

图 3.19　温度变化对压力的影响

3.3.4.9　模型适应性分析

利用 KL2-6 井和 KL205 井试油时测试数据实际生产数据对压力温度耦合模型进行验证和评价，分析结果证实，运用该模型对实际资料处理能达到工程精度要求。

（1）井底静压对比分析。

首先利用压力、温度耦合模型计算井底压力与井底压力计实测井底压力恢复值进行对比，如图 3.20 所示，图中表明计算值与实测值相比绝对误差在 ±0.03MPa，相对误差 ±0.03% 之间。

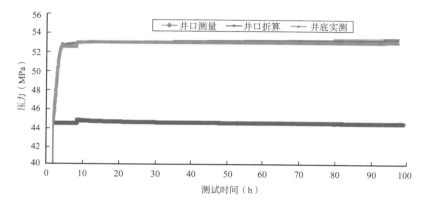

图 3.20　KL2-6 井计算压力恢复与实测值对比曲线

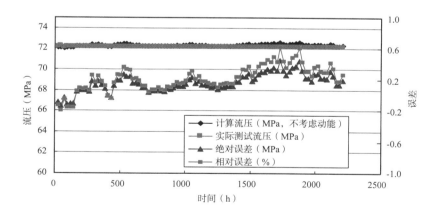

图 3.21　KL205（试油）计算流压与实际流压对比分析曲线

（2）井底流压对比分析。

同样，采用压力温度耦合模型计算了 KL205 井底流压与时间的变化关系，并与实际测试数据进行了验证。结果表明，运用该模型的计算值与实际值误差较小，如图 3.21 和图 3.22 所示。对于考虑动能项和不考虑动能项的流压分别进行了计算，结果表明，对于高压高产气井在进行流压计算时应该考虑动能项，考虑动能项比不考虑动能项要高出 0.1 ~ 0.6MPa，差值大小主要取决于实际生产产量大小。所以，在低产井中有无动能项对其流压计算值影响不大，在高产井中产量大，流速相应也快，动能大，动能项对流压的影响也就较大。

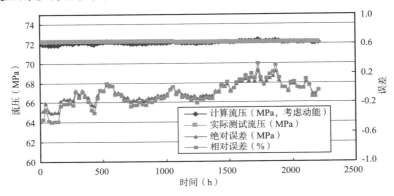

图 3.22　KL205（试油）计算流压与实际流压对比分析曲线

3.3.4.10　压力温度耦合校正模型在克拉 2 气田的应用

以 KL2-6 井为例说明压力温度耦合校正模型在克拉 2 气田的应用，KL2-6 井于 2011 年 5 月 18 日至 5 月 22 日进行了关井井口压力恢复试井。

从 KL2-6 井实测压力历史曲线（图 3.23）形态看，在关井后瞬间即出现最高压力值，在关井前油管压力为 45.32MPa，关井 0.0975h 后井口压力计录取到最高压力值 45.67MPa 恢复幅度 0.35MPa，此值受关井后流体的冲击、压缩影响不能代表真实压力变化；之后关井压力呈缓慢下降趋势，历时 89.99h 压力下降至 45.37MPa，下降幅度 0.30MPa。分析原因为生产过程中流体与管柱内壁摩擦产生的热量逐渐在井筒内聚集形成高温，在关井后井筒高温与地层温度逐步平衡，井筒内的气体发生定容降温变化，导致井筒内压力逐渐降低，压力恢复曲线不满足现有试井方法的分析条件。

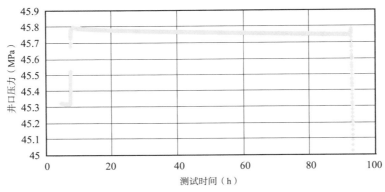

图 3.23　KL2-6 井 2011 年 6 月实测井口压力历史图

利用温度耦合校正模型将 KL2-6 井口测试压力折算至井底，得到折算后的井底压力历史如图 3.24 所示，关井前井底压力为 52.9586MPa，关井历时约 90.09h 后，压力恢复至 54.4094MPa，恢复幅度为 1.4508MPa。

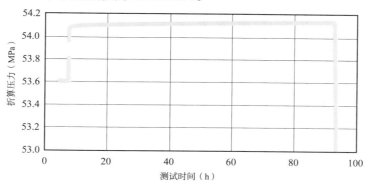

图 3.24　KL2-6 井 2011 年 6 月折算井底压力历史图

利用关井压力恢复段数据作双对数及导数曲线，诊断曲线如图 3.25 所示，根据图 3.25 特征可以将诊断曲线划分为三个流动阶段：（1）阶段Ⅰ为井筒续流阶段；（2）阶段Ⅱ导数曲线为径向流反映，表现为水平直线特征；（3）阶段Ⅲ导数曲线持续上翘，反映储层外围渗流能力变差。综合考虑选择井储＋表皮＋径向复合油藏＋无限大边界模型进行分析。

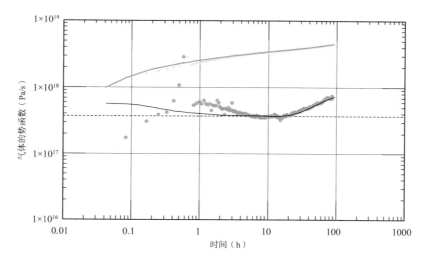

图 3.25　KL2-6 井 2011 年 5 月测试双对数诊断曲线

采用典型曲线拟合法按气相进行分析得到：内区有效渗透率为 6.21mD，外区有效渗透率为 4.01mD，储层整体表现为内好外差的复合油藏特征；分析得到半对数外推测点地层压力 56.85MPa，计算地层压力系数为 1.58；模拟测点地层压力 56.86MPa，计算地层压力系数为 1.58，表明地层为异常高压系统。

3.4 压力资料归一化处理方法

对于单井测试资料数据点密集的情况，非常有必要对原始测试资料进行归一化处理。对压力数据资料归一化处理要把握两个原则：（1）抓住实质性的压力响应特征；（2）曲线上点的密度分布均匀。目前常用的方法主要有：时间等分法、对数时间等分法、压力等分法。

时间等分法的优点在于可以用于压力变平的定压区域，但是该方法会使半对数曲线上的点分布不均匀，早期过稀，晚期过密。对数时间等分法可取得分布均匀的半对数曲线，但将该方法用于多流量测试的数据取样时，在流量变化以后，会出现缺失数据的现象。目前，压力等分法应用广泛，但是该方法对于定压区域不能使用，如果在一些地方有异常点，那么这种方法会扩大异常现象，导致数据解释时出现异常。

以 KL2-6 井为例，KL2-6 井于 2012 年 9 月进行了有缆测试，在压力恢复过程中，压力计共记录了 12889 个数据点，如图 3.26 所示。由于测试数据点采样密集，数据点不稳定，如图 3.27 双对数曲线所示，直接进行解释时无法确定径向流段以及准确的边界响应特征，因此必须进行归一化处理。

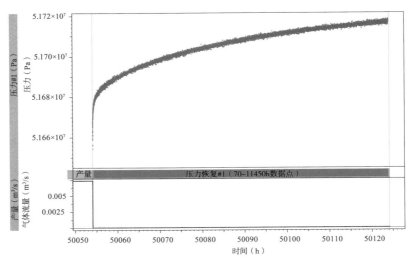

图 3.26　KL2-6 井压力恢复试井历史曲线（2012 年 9 月）

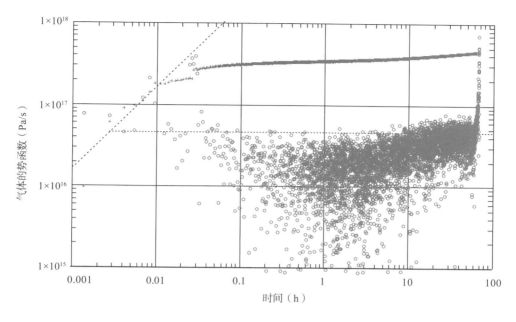

图 3.27　KL2-6 井压力恢复双对数曲线（2012 年 9 月）

　　分别使用时间等分法，对数时间等分法对该测试数据进行归一化处理，结果如图 3.28 至图 3.31 所示。

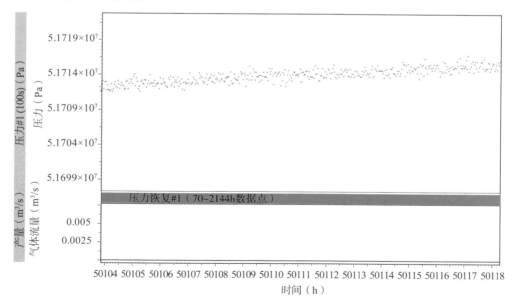

图 3.28　KL2-6 井压力恢复试井时间等分法处理历史曲线（2012 年 9 月）

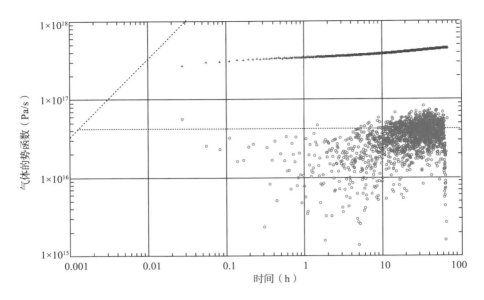

图 3.29　KL2-6 井压力恢复试井时间等分法处理双对数典型曲线（2012 年 9 月）

　　从图 3.28 和图 3.29 可以看出，使用时间等分法处理后，压力恢复历史曲线数据分布均匀，但是波动特征明显，压力恢复双对数典型曲线井筒存储段缺失，径向流以及边界控制流动段特征杂乱，无法用于试井解释分析。

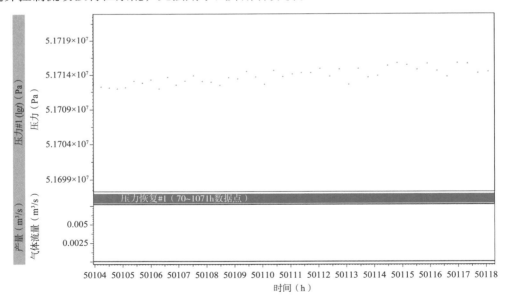

图 3.30　KL2-6 井压力恢复试井对数时间等分法处理历史曲线（2012 年 9 月）

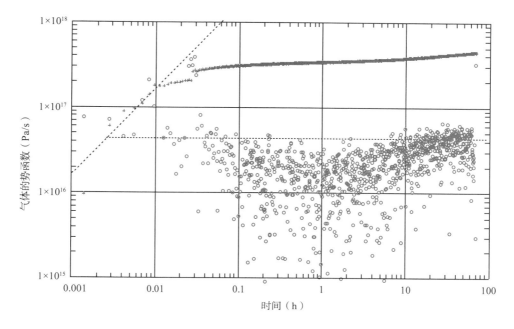

图 3.31　KL2-6 井压力恢复试井对数时间等分法处理双对数典型曲线（2012 年 9 月）

从图 3.30 和图 3.31 可以看出，使用对数时间等分法处理后，压力恢复历史曲线数据不均匀，且没有消除波动特征，但是压力恢复双对数典型曲线数据分布均匀，缺点是井筒存储段不明显，径向流以及边界控制流动段特征依然杂乱，同样无法用于试井解释分析。

小波变换是 20 世纪 80 年代出现的一种新的数学方法，它在保留傅里叶变换优点的同时，克服了傅里叶变换的缺点，成功地实现了信号分析的时频局部化。原则上讲，傅里叶变换可以处理的信号，小波变换都可以处理，尤其是在处理非平稳信号时，小波变换因在时域和频域同时具有良好的局部化性质，从而能很好地反映其频率特性，获得更好的结果，因而近年来其理论分析和实际应用都得到了蓬勃的发展。小波变换在石油工业中主要用于处理地震、测井的不稳定信号，在提高油气储层地质特征的识别中得到了较为广泛的应用。但是在试井中应用较少。

3.4.1　小波变换的基础理论

小波的概念最初是由 Alfred Haar 于 1910 年提出的，即小区域的波，是一种在有限时间范围内变化且其平均值为零的数学函数。母小波的类型有很多种，常用的有哈尔小波、Moret 小波、Daubechies（db$N$，N=1，2，3，8）小波、symlet 小波等，如图 3.32 所示。

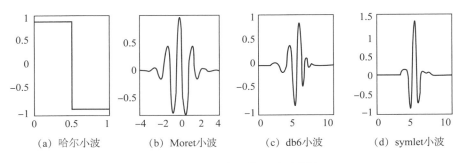

(a) 哈尔小波　　　(b) Moret小波　　　(c) db6小波　　　(d) symlet小波

图 3.32　常用的几种母小波

　　小波提出后，小波变换理论的发展极其缓慢。小波变换是 1984 年法国科学家 Morlet 在分析地震资料时才被引入，在此基础上 Morlet 和理论物理学家 Grossman 等人建立了完整的连续小波变换的几何体系。

　　小波变换是构造一簇函数去表示或逼近一个信号或函数，这一簇函数称为小波函数系，它是由基本小波函数不同尺度的伸缩和平移构成的。小波变换之所以比傅里叶变换和短时傅里叶变换更有利于处理非平稳信号，是因为它们之间存在本质的区别：小波变换克服了傅里叶变换和短时傅里叶变换的致命缺点，即小波变换是用联合的空间和尺度（时间）来描述信号数据的，不仅可以分析信号的频谱，而且可以分析信号在时间域上的局部特征；小波变换克服了傅里叶变换和短时傅里叶变换只能以一种分辨率来观察信号的缺点，能以不同的尺度或分辨率来观察信号，小波变换也因此被誉为数学中的"显微镜"。小波变换同样也具有线性、平移不变性、伸缩不变性、自相似性、冗余性等傅里叶变换所具有的性质。

3.4.2　小波变换在试井数据归一化处理中的应用

3.4.2.1　数据噪声的处理

　　20 世纪 90 年代以来，国内外开始陆续使用长时压力计对油气井进行实时监测，这是目前检测油气井动态参数变化的一种新方法，利用这种方法不仅能够获得比传统试井更准确的动态参数变化信息，还能得到油气井生产过程中动态参数的变化情况。由于仪器自身的原因，检测信号不可避免地存在着噪声，如果不做处理，这些噪声会影响最终的试井分析结果。因此，进行去噪是处理试井数据中不可缺少的一步。近年来，国内外的研究者也试图将小波变换引入到试井中，用于处理长时压力数据中的噪声，取得了很好的效果。

　　Jitendra Kikani 等做了大量的实验以比较巴特沃斯低通滤波器和小波变换对压降曲线的去噪效果。先是在实验中人为地合成带有高斯白噪声的压降信号，并分别应用软阈值和硬阈值函数法对压降试井数据进行降噪处理，其中小波函数选择哈尔小波。从最终的去噪处理结果及均方误差（RMSE）上可以看出，用小波变换对压降试井数据的去噪效果要比用巴特沃斯滤波器的效果要好得多，经典的滤波去噪法不能准确地捕获原试井数据的特征。为了更好地说明问题，Jitendra Kikani 把这两种方法应用到了现场一口井的压力降落和压力恢复试井数据中，小波变换的处理结果与试井压力趋势吻合得较好，而巴特沃斯滤波器的处理结果不能很好地与试井压力趋势相吻合，并且在压力变化急剧的位置产生大的振荡现象。

在 Jitendra Kikani 的实验中选用的小波是哈尔小波，由于哈尔小波并不是光滑的母波，因此在处理不稳定试井数据等不平稳信号时，其结果不是最理想的。在对含噪试井数据进行去噪时，应用较多的小波是 Daubechies（dbN）小波，db 小波具有良好的连续性和正交性，而且是支集最小的，因此这种小波的滤波器个数少，在分解与重构算法中需要的量少。谭健等选用 db4 小波对现场一口井的试井数据特征进行分析，处理结果表明利用 db4 小波有效地去除了该口井压力数据中的噪声，很好地保留了原来数据的特征。Gonzalex Tamez 等在用小波变换处理试井数据中的噪声时得到以下结论：压力不稳定试井数据中的噪声频谱与油气藏信号处于同一频带，应用小波变换可以去除试井数据中的噪声，提高不稳定试井数据的信噪比（SNR）。

3.4.2.2 奇异信号检测

小波变换具有良好的空间域和频率域局部化特性，因此特别适合于处理非平稳信号。它克服了傅里叶变换的缺点，在时频平面不同的位置具有不同的分辨率，可以由粗及精地分析信号，是检测短暂瞬变信号的有效手段。因此，小波变换非常适合于不稳定试井数据中奇异信号的检测。

Soliman 等研究发现，井筒及工作制度等条件在小波变换后的数据上表现出突变的或不连续的瞬时特征，并且突变点和不连续点与同井筒及工作制度的改变是一一对应的；而油气藏中的断层或不渗透边界等条件，在信号上则表现出明显的幅度变化，持续时间比瞬时信号要长得多。他们把小波理论应用到现场三口井的不稳定压力数据中，这三口井包括一口探井、两口生产气井，分别选用 db1，db2，db3 及 db4 小波对数据进行多尺度的分析。从分析结果可以看出，当油气井的工作制度改变时，井底压力要改变，小波变换后的数据上会有突变或不连续数据产生，并且瞬间会消失；油气藏的边界在小波变换后的数据上也有反映，但持续时间要比前者长得多。要研究裂缝性油气藏，需要知道地层的渗透率、井筒情况以及井的供给半径等条件，研究表明，任何一种小波都不能够清晰地捕获数据中的所有不连续点和突变点。因此要把多种小波综合起来，以多个尺度进行分析，才能更好地检测不稳定试井数据中的奇异点。与此同时，把小波变换与常规试井分析结合起来能更加准确地获得这些参数。当缓慢地关井或开井时，从常规试井曲线上不好判断开井与关井的时间，其精度受到压力数据点个数的影响，若用小波变换法来处理此问题，就比较容易识别到油气井流体动态参数的变化情况。值得注意的是，例子中两种方法判断的结果恰好完全一致。由此证明，应用小波变换法不仅能诊断出开井与关井的时间，而且还可以较准确地判断出边界到井筒的距离，用小波变换得到的参数模拟试井压力和压力导数曲线，其结果能很好地拟合原始记录数据。将小波变换方法应用于 KL2-6 井 2012 年的实测资料，处理后的压力恢复历史曲线局部放大图如图 3.33 和图 3.34 所示。

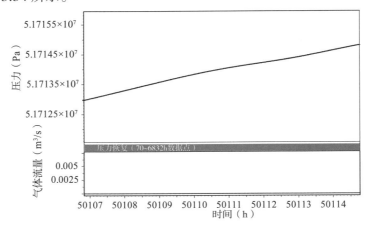

图 3.33　KL2-6 井小波处理压力恢复资料局部放大图（2012 年 9 月）

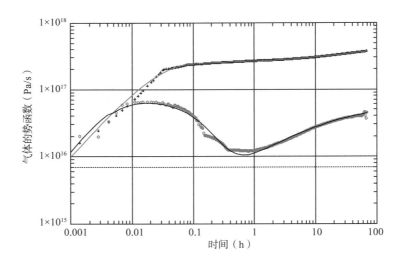

图 3.34　KL2-6 井小波处理压力恢复资料双对数典型曲线（2012 年 9 月）

从图 3.33 和图 3.34 可以看出处理后压力恢复历史曲线数据分布均匀，波动小且双对数典型曲线各个特征段特征明显，拟合效果较好。

4 解析试井数学模型的建立及渗流特征分析

渗流力学是研究流体在多孔介质中流动规律的一门学科，目前求解油、气、水等流体渗流微分方程的数学方法主要有分离变量法、积分变换法、源函数与格林函数法、拉普拉斯变换法等。拉普拉斯变换法是求解偏微分方程的一种经典方法，在求解直井试井解释模型方面是一种强有力的工具，同时也在实际生产过程中得到了充分的验证，但该方法一个致命的弱点就是无法描述复杂结构井的渗流问题，也无法描述不规则边界的气藏渗流问题。针对水平井、斜井、大位移井、多分支井的渗流问题，都是利用 Green 函数和源函数法求解。但是，在将 Green 函数和源函数法应用到试井领域呈现出一种现象：即只讨论 Green 函数和源函数法在水平井中的应用，而相对地忽略了其在直井中的应用，对顶、底定压边界气藏的研究就更少。

点源函数的思想起源于 19 世纪下半叶（Lord Kelvin，1884）的热传导理论。在油气藏工程中，Hnatush 等（1955）曾经应用 Green 函数方法解决了带型区域边水不稳定漏失问题，而 Nisle（1958）在研究部分射开井的压力恢复特征时应用了热传导理论中关于点源函数的研究结果。Gringarten 和 Ramey（1973）对于点源函数方法有过详细的总结和推广，其论文对研究油气藏不稳定压力动态分析方面产生了深远的影响。但该方法存在明显的不足，该方法获得的是实空间积分形式的解析解，进行数值积分过程中既耗时，并且求解精度也无法保证。此外，实空间解析解无法考虑井筒储集效应和定压生产等情形，因此无法满足实际应用的要求。

众所周知，利用 Green 函数求解具有源汇项的非齐次边界条件和初始条件的不稳定渗流问题时，主要困难在于如何寻找给定条件下的格林函数。本章从渗流微分方程出发，利用微元法建立了气藏渗流微分方程，然后利用 δ 函数的性质建立了瞬时点源的渗流微分方程，利用 Lord Kelvin 点源解以及镜像反映等方法推导出了瞬时点源渗流数学模型的基本解，利用 Green 函数和源函数的思想，通过积分的方法获得了均质气藏中直井的井底压力动态响应数学模型，同时利用拉氏变换、Stehfest 数值反演、叠加原理等理论求解了上述理论模型的解，并且在计算过程中考虑了表皮效应和井筒储存效应的影响；利用 Muskat 方法考虑了径向封闭边界和定压边界对压力动态的影响。

4.1 渗流微分方程的建立

使用 Ω 表示为均质各向同性气藏渗流区域；R 为 0 的一个子区间；B 为该区间的外边界；$v(M, t)$ 表示流体的渗流速度；$f(M, t)$ 表示从 R 中注入或采出的流体速度。由质量守恒可知：

总的质量变化 = 流入的流体质量 − 流出的流体质量 − 采出的流体质量

进而得到：

$$\frac{\partial}{\partial t}\int_R \rho\varphi \mathrm{d}m = -\int_R \rho vnd\mathrm{d}m - \int_R f(M,t)\mathrm{d}m \tag{4.1}$$

通过对式（4.1）中的表面积分进行分离变量从而得到：

$$\frac{\partial}{\partial t}(\rho\varphi) = -\nabla(\rho v) - f \qquad (M,t)\in D \tag{4.2}$$

假设：气藏中渗透率、孔隙度、流体流速为一常数，且忽略重力、毛细管力的影响，气藏中流体为牛顿流体且气藏中温度恒定，满足达西定律。由达西定律可得到流体流速的表达式：

$$v = -\frac{K}{\mu}\nabla p \tag{4.3}$$

式（4.2）左边项可简化为：

$$\frac{\partial}{\partial t}(\rho\phi) = \rho\frac{\partial\phi}{\partial t} + \varphi\frac{\partial\rho}{\partial t} = \rho\frac{\partial\phi}{\partial p}\frac{\partial p}{\partial t} + \phi\frac{\partial\rho}{\partial p}\frac{\partial p}{\partial t}$$

由流体压缩系数 C 和岩石压缩系数 C_m 的定义可知：

$$C = \frac{1}{\rho}\frac{\partial\rho}{\partial p}, \quad C_m = \frac{1}{\varphi}\frac{\partial\varphi}{\partial p}$$

则总的压缩系数为：

$$C_t = C_m + C$$

因此带入式（4.2）可得扩散方程为：

$$\phi C_t\frac{\partial p}{\partial t} = -\nabla\left(\frac{K}{\mu}\nabla p\right) - \boldsymbol{q} \tag{4.4}$$

对于均质各向同性气藏，式（4.4）可简化为：

$$\eta\nabla^2 p - \frac{\partial p}{\partial t} - \frac{\boldsymbol{q}}{\phi C_t} = 0 \tag{4.5}$$

式中扩散系数 η 的表达式为：

$$\eta = \frac{K}{\mu C\phi}$$

对式（4.5）无量纲化还可进一步简化为：

$$i_D = \frac{i}{l} \quad (i = X, \ Y, \ Z), \ t_D = \frac{\eta t}{l^2}$$

从而得到：

$$\frac{i}{l}\nabla_D^2 p - \frac{\partial p}{\partial t_D} - \frac{\boldsymbol{q}}{\phi C_t} = 0 \tag{4.6}$$

对式（4.6）进行拉氏变换：

$$\overline{f(S)} = Lf(t_D) = \int_0^\infty e^{-St_D} f(t_D) \, dt_D$$

定义扩散因子为：

$$L = \nabla_D^2 - \frac{\partial}{\partial t_D}$$

可以得到式（4.6）在实空间中的简化表达式：

$$Lp = \frac{\boldsymbol{q}_D}{\phi C_t} \qquad (M_D, t_D) \in D_D \tag{4.7}$$

通过对式（4.7）进行拉氏变换可得：

$$\overline{Lp(S)} = \frac{\overline{\boldsymbol{q}_D}}{\phi C_t} - p_i \qquad M_D \in D_D \tag{4.8}$$

在式（4.8）中，$\overline{L}$ 表示 L 经过拉氏变换后的表达式：

$$\overline{L} = \nabla_D^2 - S$$

4.2 通过 Green 函数求解渗流方程

如果边界条件不同，扩散方程 ［式（4.6）］ 的解 $p(m, t)$ 也不同。在稳定流动情况下可以通过 Green 函数方法求得扩散方程的解，在区域 D 对于扩散方程的瞬时 Green 函数可表述为：在封闭或定压边界条件下的区域 D，t 时刻点 $M(x, y, z)$ 的压力波动是位于 $M(x, y, z)$ 的单位长度点源在 τ 时刻产生的，其中 $\tau < T$。

如果能求出 Green 函数，那么在 M 点 t 时刻的压力 $p(M, t)$ 可以由初始压力分

布 p_i（M）和边界上已知的压力、流量条件表示出来：

$$p(M,t) = \int_D p_{li}(m') G(M,M',t) \mathrm{d}M' +$$

$$\eta \iint_{0\,S}^{t} \left[G(M,M',t-\tau) \frac{\partial p(M',t)}{\partial n} - p(M',\tau) \frac{\partial G(M,M',t-\tau)}{\partial n} \right] \mathrm{d}S_{M'} \mathrm{d}\tau_{li}$$

（4.9）

最终通过应用 Green 函数的性质，压力分布函数 p（m，t）可以表示为：

$$p(M,t) = \int_D p_{li}(m') G(M,M',t) \mathrm{d}M' +$$

$$\eta \int_0^t \left\{ \int_s \left[G(M,M_w,t-\tau) \frac{\partial p(M_w,t)}{\partial n(M_w)} - p(M_w',\tau) \frac{\partial G(M,M_w,t-\tau)}{\partial n(M_w)} \right] \mathrm{d}S_{M_w} \right\} \mathrm{d}\tau +$$

$$\eta \int_0^t \left\{ \int_s \left[G(M,M_e,t-\tau) \frac{\partial p(M_e,t)}{\partial n(M_e)} - p(M_e',\tau) \frac{\partial G(M,M_e,t-\tau)}{\partial n(M_e)} \right] \mathrm{d}S_{M_e} \right\} \mathrm{d}\tau$$

（4.10）

p（m，t）因此可以通过表示不同性质的三部分累加得到：第一部分为关于初始压力的分布，第二部分是关于内边界条件的函数，第三部分是关于外边界条件的函数。

4.3　渗流方程的瞬时点源解

由式（4.7）可知：

$$Lp = \frac{q_D}{\varphi C_t} \qquad (M_D,t_D) \in D_D$$

$\tilde{q}/c$ 表示一个点源的源强度。对于一个瞬时脉冲源可用数学中的 δ 函数表示：

$$Lp(M,M',t) = \delta(M,M')$$

由 δ 函数的定义可知：

$$\delta\left(x\right)=\begin{cases}1, & x=0\\0, & x\neq0\end{cases} \tag{4.11}$$

δ 函数真实地反映了瞬时点源函数的性质。因此可以得到一个满足均质的初始边界条件的基本解，通过积分由基本解可得到流体在多孔介质中稳定流动的压力解。并且基本解 $\overline{\gamma}$ 满足 Laplace 空间的扩散方程：

$$\overline{L}\overline{\gamma}\left(M_{\mathrm{D}},M_{\mathrm{D}}^{'},S,0\right)=\nabla_{\mathrm{D}}^{2}\overline{\gamma}-S\overline{\gamma}=-\delta\left(M_{\mathrm{D}},M_{\mathrm{D}}^{'}\right) \tag{4.12}$$

$\overline{\gamma}$ 表示位于 $M_{\mathrm{D}}^{'}$、在 $T_{\mathrm{D}}=0$ 时刻作用的一个具有单位源强度的瞬时点源有关。如果点源位于初始时刻各向同性的系统中，也可以将式（4.12）改写为在球形坐标系中的表达式：

$$\frac{1}{\rho_{\mathrm{D}}^{2}}\frac{\partial}{\partial\rho_{\mathrm{D}}}\left(\rho_{\mathrm{D}}^{2}\frac{\partial\overline{\gamma}}{\rho_{\mathrm{D}}}\right)-S\overline{\gamma}=0 \quad 且 \quad M_{\mathrm{D}}\neq M_{\mathrm{D}}^{'} \tag{4.13}$$

由方程可知，可以得到：

$$\begin{cases}\overline{\gamma}\left(\infty,S\right)=0\\\rho_{\mathrm{D}}^{2}\dfrac{\partial\overline{\gamma}}{\rho_{\mathrm{D}}}\bigg|_{\rho_{\mathrm{D}}=0}=-1\end{cases}$$

式（4.13）的基本解表达式可以表示为：

$$\overline{\gamma}\left(\rho_{\mathrm{D}},S\right)=A\mathrm{e}^{-\rho_{\mathrm{D}}\sqrt{S}}+B\mathrm{e}^{\rho_{\mathrm{D}}\sqrt{S}} \tag{4.14}$$

为了满足边界条件，B 应该为 0 并且 A 可从式（4.13）得到：

$$\frac{\partial\overline{\gamma}\left(\rho_{\mathrm{D}},S\right)}{\partial\rho_{\mathrm{D}}}=A\left(-\sqrt{S}\right)\mathrm{e}^{-\rho_{\mathrm{D}}\sqrt{S}} \tag{4.15}$$

式（4.13）的解为：

$$\overline{\gamma}=\exp\left(-\rho_{\mathrm{D}}\sqrt{S}\right)/4\pi\rho_{\mathrm{D}} \tag{4.16}$$

式（4.16）就是著名的 Lord Kelvin 点源解，Lord Kelvin 将瞬时点源引入到求解热传导方程基本解中，而其他解可以通过叠加的方式求得。通常在三维坐标系中可以对点源按一定方式求极限得到该点源的基本解。

4.4 均质气藏渗流特征分析

假设井筒的流入为均匀流动，应用上面点源函数的基本解，沿井筒方向上积分可获得直井的井底压力动态响应数学表达式，并可研究油气藏厚度、表皮系数、井筒储集系数等因素对井底压力动态的影响。这对分析油气井压力动态特征、油气井测试评价等具有十分重要的作用。此外，本节还分析了底水、气顶等定压边界对井底压力动态响应的影响，这对开发该类油气藏有十分重要的指导作用。

本章的讨论基于如下假设：（1）地层水平等厚、各向异性；（2）考虑单相微可压缩、流体物性不随压力变化；（3）地层流体流动服从线性达西渗流；（4）考虑表皮效应和井筒储集效应；（5）地层各点压力为 p，油井以常产量 q 开井生产。通过上述假设，结合 3.3 节的推导，可以建立如下瞬时点源的渗流微分方程。

4.4.1 瞬时源函数的基本解

（1）顶底封闭边界无限大气藏瞬时源函数基本解的求取。

顶底封闭边界瞬时点源扩散方程的数学模型为：

$$\begin{cases} \overline{L}\overline{\gamma}\left(M_D, M_D', S, 0\right) = \nabla_D^2 \overline{\gamma} - S\overline{\gamma} = -\delta\left(M_D, M_D'\right) \\ \dfrac{\partial \overline{\gamma}}{\partial n} = 0, \quad z = 0 \text{或} z_e \\ \overline{\gamma}\left(\gamma_D, 0\right) = 0 \\ \overline{\gamma}\left(\infty, S\right) = 0 \end{cases} \tag{4.17}$$

根据 Lord Kelvin 的点源解，通过镜像反映可以得到上述模型的基本解。用镜像反映的方法，我们可以将一个具有边界反映的瞬时点源看成是无数多个与之相对应的点源叠加。这些点源关于平面对称，且分别位于离边界（$x=0$）$2nz_e$ 和 $-2nz_e$ 远处，（$x=1$，$\cdots$，∞）。对于具有边界的瞬时点源可以利用无限多个对应的瞬时点源叠加求取。

可以得到具有封闭边界的瞬时点源的基本解为：

$$\begin{aligned} \overline{\gamma} = \frac{1}{4\pi} \sum_{-\infty}^{+\infty} \Biggl\{ & \frac{\exp\left[-\sqrt{u}\sqrt{R_D^2 + \left(z_D + z_D' - 2nz_{eD}\right)^2}\right]}{\sqrt{R_D^2 + \left(z_D + z_D' - 2nz_{eD}\right)^2}} + \\ & \frac{\exp\left[-\sqrt{u}\sqrt{R_D^2 + \left(z_D - z_D' - 2nz_{eD}\right)^2}\right]}{\sqrt{R_D^2 + \left(z_D - z_D' - 2nz_{eD}\right)^2}} \Biggr\} \end{aligned} \tag{4.18}$$

其中

$$R_D^2 = \left(x_D - x_D'\right)^2 + \left(y_D - y_D'\right)^2$$

$$x_D = \frac{x}{l}\sqrt{\frac{K}{K_x}}$$

$$y_D = \frac{y}{l}\sqrt{\frac{K}{K_y}}$$

$$z_D = \frac{z}{l}\sqrt{\frac{K}{K_z}}$$

$$z_{eD} = \frac{z_e}{l}\sqrt{\frac{K}{K_z}}$$

由于上式的计算很复杂，可以通过 Poisson 叠加公式将上述方程简化为更方便的表达式：

$$\sum_{n=-\infty}^{n=+\infty} \exp\left[-\frac{(\xi - 2n\xi_e)^2}{4t_D}\right] = \frac{\sqrt{\pi t_D}}{\xi_e}\left\{1 + 2\sum_{n=1}^{n=+\infty}\exp\left[-\frac{n^2\pi^2 t_D}{\xi_e^2}\cos\left(n\pi\frac{\xi}{\xi_D}\right)\right]\right\} \quad (4.19)$$

对式（4.19）两端同乘 $t_D^{-\frac{3}{2}}\exp\left(-a^2/4t_D\right)$，式中 a 为一个客观存在的常数，对 t_D 进行拉氏变换可以得到：

$$\sum_{-\infty}^{+\infty} \frac{\exp\left(-\sqrt{u}\sqrt{R_D^2 + \left(z_D + z_D' - 2nz_{eD}\right)^2}\right)}{\sqrt{R_D^2 + \left(z_D + z_D' - 2nz_{eD}\right)^2}} \quad (4.20)$$

$$= \frac{1}{z_{eD}}\left[K_0\left(R_D\sqrt{u}\right) + 2\sum_{n=1}^{n=+\infty}\left(R_D\sqrt{u + \frac{n^2\pi^2 t_D}{z_{eD}^2}}\right)\cos\left(n\pi\frac{z_D + z_D'}{z_{eD}}\right)\right]$$

和

$$\sum_{-\infty}^{+\infty} \frac{\exp\left(-\sqrt{u}\sqrt{R_D^2 + \left(z_D - z_D' - 2nz_{eD}\right)^2}\right)}{\sqrt{R_D^2 + \left(z_D - z_D' - 2nz_{eD}\right)^2}} \quad (4.21)$$

$$= \frac{1}{z_{eD}}\left[K_0\left(R_D\sqrt{u}\right) + 2\sum_{n=1}^{n=+\infty}\left(R_D\sqrt{u + \frac{n^2\pi^2 t_D}{z_{eD}^2}}\right)\cos\left(n\pi\frac{z_D - z_D'}{z_{eD}}\right)\right]$$

用前文的叠加公式，在 $z=0$ 和 $z=z_e$ 处为封闭边界的瞬时源函数基本解为：

$$\bar{\gamma} = \frac{1}{2\pi z_{eD}}\left[K_0\left(R_D\sqrt{u}\right) + 2\sum_{n=1}^{n=+\infty}\left(R_D\sqrt{u + \frac{n^2\pi^2}{z_{eD}^2}}\right)\cos\left(n\pi\frac{z_D}{z_{eD}}\right)\cos\left(n\pi\frac{z_D'}{z_{eD}}\right)\right] \quad (4.22)$$

（2）顶底定压边界无限大气藏瞬时源函数基本解的求取。

顶底定压边界、瞬时点源扩散方程的数学模型为：

$$\begin{cases} \overline{L}\overline{\gamma}\left(M_D, M'_D, S, 0\right) = \nabla_D^2\overline{\gamma} - S\overline{\gamma} = -\delta\left(M_D, M'_D\right) \\ \overline{\gamma} = 0, \ z=0 \ \text{或} \ z_e \\ \overline{\gamma}\left(\gamma_D, 0\right) = 0 \end{cases} \quad (4.23)$$

采用镜像反映方法，可以得到顶底定压边界瞬时点源的基本解为：

$$\overline{\gamma} = \frac{1}{4\pi}\sum_{-\infty}^{+\infty}\left\{ \frac{\exp\left(-\sqrt{u}\sqrt{R_D^2 + \left(z_D - z'_D - 2nz_{eD}\right)^2}\right)}{\sqrt{R_D^2 + \left(z_D - z'_D - 2nz_{eD}\right)^2}} + \right.$$

$$\left. \frac{\exp\left(-\sqrt{u}\sqrt{R_D^2 + \left(z_D + z'_D - 2nz_{eD}\right)^2}\right)}{\sqrt{R_D^2 + \left(z_D + z'_D - 2nz_{eD}\right)^2}} \right\} \quad (4.24)$$

利用 Poisson 叠加公式可以将上式进行简化，在 $z=0$ 和 $z=z_e$ 处为定压边界的瞬时源函数基本解为：

$$\overline{\gamma} = \frac{1}{\pi z_{eD}}\left[2\sum_{n=1}^{n=+\infty} K_0\left(R_D\sqrt{u + \frac{n^2\pi^2}{z_{eD}^2}}\right)\sin\left(n\pi\frac{z_D}{z_{eD}}\right)\sin\left(n\pi\frac{z'_D}{z_{eD}}\right) \right] \quad (4.25)$$

（3）顶底混合边界无限大气藏瞬时源函数基本解的求取。

顶底混合边界、瞬时点源的扩散方程的数学模型为：

$$\begin{cases} \overline{L}\overline{\gamma}\left(M_D, M'_D, S, 0\right) = \nabla_D^2\overline{\gamma} - S\overline{\gamma} = -\delta\left(M_D, M'_D\right) \\ \dfrac{\partial\overline{\gamma}}{\partial n} = 0, \ z=0 \\ \overline{\gamma} = 0, \ z = z_e \\ \overline{\gamma}\left(\gamma_D, 0\right) = 0 \end{cases} \quad (4.26)$$

采用镜像反映法，得到混合边界瞬时点源的基本解为：

$$\overline{\gamma} = \frac{1}{4\pi}\sum_{-\infty}^{+\infty}(-1)^n\left\{ \frac{\exp\left(-\sqrt{u}\sqrt{R_D^2 + \left(z_D - z'_D - 2nz_{eD}\right)^2}\right)}{\sqrt{R_D^2 + \left(z_D - z'_D - 2nz_{eD}\right)^2}} + \right.$$

$$\left. \frac{\exp\left(-\sqrt{u}\sqrt{R_D^2 + \left(z_D + z'_D - 2nz_{eD}\right)^2}\right)}{\sqrt{R_D^2 + \left(z_D + z'_D - 2nz_{eD}\right)^2}} \right\} \quad (4.27)$$

利用 Poisson 叠加公式可以将上式进行简化，在 $z=0$ 处为封闭边界和 $z=z_e$ 处为定压边界的瞬时源函数基本解为：

$$\bar{\gamma} = \frac{1}{\pi z_{\text{eD}}}\left[2\sum_{n=1}^{n=+\infty} K_0\left(R_D\sqrt{u+\frac{n^2\pi^2}{z_{\text{eD}}^2}} \right)\cos(2n-1)\frac{\pi}{2}\frac{z_D}{z_{\text{eD}}}\cos(2n-1)\frac{\pi}{2}\frac{z_D'}{z_{\text{eD}}} \right] \tag{4.28}$$

4.4.2 直井井底压力响应函数

如果上述求得的基本解满足其初始条件和边界条件。则可以通过式（4.29）求得其直井的压力响应函数。

$$\overline{\Delta p}\left(M_D,\tilde{M}_D,s,\tilde{t}_D\right) = \int_{\Omega_D}\overline{f}\left(M_D',\tilde{M}_D,s,\tilde{t}_D\right)\bar{\gamma}\left(M_D',\tilde{M}_D,s,0\right)\mathrm{d}\tilde{M}_D \tag{4.29}$$

其中

$$\overline{\Delta p} = \frac{p_l}{s} - \overline{P}$$

通过数学变换可以简化式（4.29），从而得到一个更方便的近似表达式：

$$\overline{\Delta p}\left(M_D,\tilde{M}_D,s,\tilde{t}_D\right)$$
$$= \iiint_{\Omega_D\tilde{S}_D\tilde{t}_D}\frac{\tilde{q}_D\left(\tilde{M}_D,\tilde{t}_D\right)}{\phi C}\delta\left(M_D',\tilde{M}_D\right)\exp(-s\tilde{t}_D)\mathrm{d}\tilde{S}_D\mathrm{d}\tilde{t}_D\bar{\gamma}\left(M_D',\tilde{M}_D,s,0\right)\mathrm{d}\tilde{M}_D \tag{4.30}$$
$$= \iint_{\tilde{S}_D\tilde{t}_D}\frac{\tilde{q}_D\left(\tilde{M}_D,\tilde{t}_D\right)}{\phi C}\delta\left(M_D',\tilde{M}_D\right)\exp(-s\tilde{t}_D)\bar{\gamma}\left(M_D',\tilde{M}_D,s,0\right)\mathrm{d}\tilde{S}_D\mathrm{d}\tilde{t}_D$$

其中

$$\tilde{q}_D = \frac{1}{l^3}\tilde{q}$$

由前节中求得的瞬时源函数基本解，代入方程，假设 $2L_h$ 为直井的源长度，q 表示流体的流量，由相应边界的瞬时源函数代入方程，在 Z 方向从 $(Z_w-L_h)/l$ 至 $(Z_w+L_h)/l$ 进行积分。

对于封闭边界中的直井井底压力响应函数为：

$$\overline{\Delta p} = \frac{\mu L}{2\pi k z_{\text{eD}}}\int_{-L_h/l}^{L_h/l}\bar{\tilde{q}}\left(\tilde{x}_{\text{wD}}\right)\tilde{z}_{\text{wD}}\left\{\left[K_0\left(R_D\sqrt{u}\right)+ \right.\right.$$
$$\left.\left. 2\sum_{n=1}^{n=+\infty}\left(R_D\sqrt{u+\frac{n^2\pi^2}{z_{\text{eD}}^2}}\right)\cos\left(n\pi\frac{z_D}{z_{\text{eD}}}\right)\cos\left(n\pi\frac{\alpha}{z_{\text{eD}}}\right)\right]\right\}\mathrm{d}\alpha \tag{4.31}$$

对于定压边界中的直井井底压力响应函数为：

$$\overline{\Delta p} = \int_{-L_h/l}^{L_h/l} \overline{\tilde{q}}(\tilde{x}_{wD}) \frac{1}{\pi z_{eD}} \left[\sum_{n=1}^{n=+\infty} K_0 \left(R_D \sqrt{u + \frac{n^2 \pi^2}{z_{eD}^2}} \right) \sin \left(n\pi \frac{z_D}{z_{eD}} \right) \right. \\ \left. \sin \left(n\pi \frac{z_D^{'}}{z_{eD}} \right) \right] d\alpha \tag{4.32}$$

对于混合边界中的直井井底压力响应函数为：

$$\overline{\Delta p} = \frac{\mu}{kl} \left(\int_{-L_h/l}^{L_h/l} \overline{\tilde{q}}(\tilde{x}_{wD}) \frac{1}{\pi z_{eD}} \left\{ \sum_{n=1}^{n=+\infty} K_0 \left[R_D \sqrt{u + \frac{(2n-1)^2 \pi^2}{4 z_{eD}^2}} \right] \times \right. \right. \\ \left. \left. \cos \left[(2n-1) \frac{\pi}{2} \frac{z_D}{z_{eD}} \right] \cos \left[(2n-1) \frac{\pi}{2} \frac{z_{wD}^{'}}{z_{eD}} \right] \right\} \right) d\alpha \tag{4.33}$$

4.4.3 直井无量纲井底压力响应函数

通过数学变换，可以将上述压力响应函数Δp转变为无量纲压力响应函数：

$$p_D(x_D, y_D, z_D, t_D) = \frac{2\pi Kh}{q\mu} \left[p_i - p(x, y, z, t) \right]$$

假定井的中心位置为（0，0，z_w），且流量恒定，则：

$$\overline{\Delta p}_D = \frac{p_1}{s} - \overline{p}_D$$

对于直井，令$l = L_f = z_{ew}/2$，则顶底封闭边界直井拉氏空间井底压力响应函数为：

$$\overline{p}_D = \frac{1}{2S} \int_{-1}^{1} K_0 \left(\sqrt{u} \sqrt{x_D^2 + y_D^2} \right) d\alpha + \\ \frac{1}{S} \sum_{n=1}^{n=+\infty} K_0 \left(R_D \sqrt{u + \frac{n^2 \pi^2}{z_{eD}^2}} \right) \cos(n\pi z_{wD}) \int_{-1}^{1} \cos(n\pi\alpha) d\alpha \tag{4.34}$$

顶底定压边界直井拉氏空间井底压力响应函数为：

$$\overline{p}_D = \frac{1}{S} \sum_{n=1}^{n=+\infty} K_0 \left(R_D \sqrt{u + \frac{n^2 \pi^2}{z_{eD}^2}} \right) \sin(n\pi z_{wD}) \int_{-1}^{1} \sin(n\pi\alpha) d\alpha \tag{4.35}$$

顶底混合边界直井拉氏空间井底压力响应函数为：

$$\overline{p}_D = \frac{1}{S} \sum_{n=1}^{n=+\infty} K_0 \left(\sqrt{(x_D - \alpha)^2 + y_D^2} \sqrt{u + \frac{n^2 \pi^2}{4 z_{eD}^2}} \right) \cos \left[(2n-1) \frac{\pi}{2} z_{wD} \right] \\ \int_{-1}^{1} \cos \left[(2n-1) \frac{\pi}{2} \alpha \right] d\alpha \tag{4.36}$$

4.4.4　考虑径向边界影响的直井压力响应数学模型

前面已探讨了考虑顶底边界影响的井底压力动态响应数学模型，本节在其基础上进一步考虑水平径向边界的影响，在实际物理中主要是考虑存在边水或存在封闭边界情形的油气藏，基本假使与前面类似。由于顶底定压边界的影响，后期边界反映易被屏蔽，因此本节只讨论顶底封闭边界下的情形。

（1）顶底封闭、外边界封闭边界直井压力响应数学模型。

在顶底封闭、外边界封闭边界，瞬时点源的扩散方程在拉氏空间的表达式为：

$$\begin{cases} \overline{L}\overline{\gamma}\left(M_{\mathrm{D}}, M_{\mathrm{D}}', S, 0\right) = \nabla_{\mathrm{D}}^2 \overline{\gamma} - S\overline{\gamma} = -\delta\left(M_{\mathrm{D}}, M_{\mathrm{D}}'\right) \\ \dfrac{\partial \overline{\gamma}}{\partial n} = 0 \qquad\qquad z = 0和z_{\mathrm{e}}, \ r = r_{\mathrm{e}} \end{cases} \tag{4.37}$$

利用前面的方法求解上述问题，在考虑径向边界问题时可以利用 Muskat 的方法进行求解，即：

$$\Delta \overline{p} = p + G$$

其中 p 为只考虑顶底边界条件的压力解，而 $p+G$ 同时满足顶底和径向边界条件。因此，通过推导发现：在考虑径向边界条件时，只需要在考虑顶底边界条件的基础上利用式（4.38）取代方程中的 K_0（aR_{D}）项，即可满足边界条件的要求。

对于径向封闭边界条件：

$$I_0\left(r_{\mathrm{eD}}\varepsilon_{\mathrm{n}}\right)\frac{K_1\left(r_{\mathrm{eD}}\varepsilon_{\mathrm{n}}\right)}{I_1\left(r_{\mathrm{eD}}\varepsilon_{\mathrm{n}}\right)}\frac{\partial \Delta \overline{p}}{\partial r_{\mathrm{D}}}\bigg|_{r_{\mathrm{D}}=r_{\mathrm{eD}}} = 0 \tag{4.38}$$

如油层全部射开，则顶底封闭边界、外边界封闭直井拉氏空间井底压力响应函数为：

$$\overline{p}_{\mathrm{D}} = \left[K_0\left(\sqrt{u}\sqrt{x_{\mathrm{D}}^2 + y_{\mathrm{D}}^2}\right)\right] + I_0\left(r_{\mathrm{eD}}\sqrt{x_{\mathrm{D}}^2 + y_{\mathrm{D}}^2}\right)\frac{K_1\left(r_{\mathrm{eD}}\sqrt{x_{\mathrm{D}}^2 + y_{\mathrm{D}}^2}\right)}{I_1\left(r_{\mathrm{eD}}\sqrt{x_{\mathrm{D}}^2 + y_{\mathrm{D}}^2}\right)} / u \tag{4.39}$$

（2）顶底封闭、外边界定压边界直井压力响应数学模型。

$$\begin{cases} \overline{L}\overline{\gamma}\left(M_{\mathrm{D}}, M_{\mathrm{D}}', S, 0\right) = \nabla_{\mathrm{D}}^2 \overline{\gamma} - S\overline{\gamma} = -\delta\left(M_{\mathrm{D}}, M_{\mathrm{D}}'\right) \\ \dfrac{\partial \overline{\gamma}}{\partial n} = 0 \qquad\qquad z = 0和z_{\mathrm{e}} \\ \overline{\gamma} = 0 \qquad\qquad\quad r = r_{\mathrm{e}} \end{cases} \tag{4.40}$$

与封闭边界类似，利用前面的方法求解上述问题，在考虑径向边界问题时利用 Muskat 的方法进行求解。对于径向定压边界条件：

$$-I_0\left(r_{eD}\varepsilon_n\right)\frac{K_0\left(r_{eD}\varepsilon_n\right)}{I_0\left(r_{eD}\varepsilon_n\right)}\Delta p\big|_{r_D=r_{eD}}=0 \qquad (4.41)$$

如油层全部射开，则顶底封闭、外边界定压边界直井拉氏空间压力响应函数为：

$$\overline{p}_D=\left[K_0\left(\sqrt{u}\sqrt{x_D^2+y_D^2}\right)\right]-I_0\left(r_{eD}\sqrt{x_D^2+y_D^2}\right)\frac{K_0\left(r_{eD}\sqrt{x_D^2+y_D^2}\right)}{I_0\left(r_{eD}\sqrt{x_D^2+y_D^2}\right)}/u \qquad (4.42)$$

4.4.5 均质气藏直井渗流特征及影响因素分析

利用上述公式和 Stehfest 数值反演求解出了上述模型的解，并计算其理论曲线。

（1）顶底封闭直井渗流特征及影响因素分析。

图 4.1 给出了顶底封闭直井双对数压力响应和压力导数曲线，从双对数曲线中可以发现直井渗流存在两个流动阶段：

①早期纯井筒储集阶段，在压力和压力导数双对数曲线上表现为斜率为 1 的直线段，该阶段压力和压力导数曲线主要受气藏早期井筒储集效应的影响；

②中期径向流动阶段，在压力和压力导数双对数曲线上压力导数曲线出现水平段且值为 0.5，该阶段反映了水平方向上的系统总径向流动。

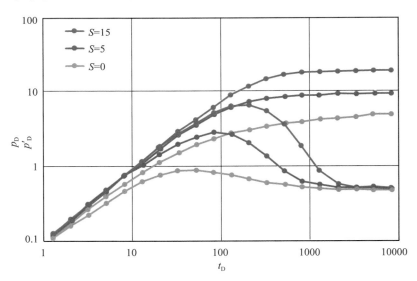

图 4.1 表皮系数 S 对井底压力响应曲线的影响

图4.1是表皮系数 S 对顶底封闭直井井底压力响应曲线的影响关系图。从图中可以看出，表皮效应对井底压力动态曲线的影响存在除纯井筒储存阶段以外的任何流动阶段，表皮系数 S 越大，无量纲压力曲线的位置越高，无量纲压力曲线与无量纲压力导数曲线之间的距离越大，表示井所受的污染越严重；在压力导数曲线上，表皮系数对曲线形态的影响主要反映在由纯井筒储存阶段向系统径向流动阶段的过渡阶段，表皮系数 S 越大，过渡段的驼峰越高；反之，表皮系数越小，过渡段的驼峰越低。

图4.2是井筒储存系数 C_D 对顶底封闭直井井底压力动态的影响关系图。从图中可以看出，井筒储存系数对顶底封闭直井井底压力动态的影响主要表现在早期井筒储集效应结束的时间上，井筒储存系数越大，井筒储集的时间越长；反之，井筒储存系数越小，井筒储集的时间越短，在双对数曲线上，各曲线族表现为互为平行的曲线族。

（2）顶部封闭，底部定压边界直井渗流特征及影响因素分析。

图4.3给出了顶底定压直井双对数压力响应和压力导数曲线，从双对数曲线中可以发现直井渗流存在两个流动阶段：

①早期纯井储阶段，在压力和压力导数双对数曲线上表现为斜率为1的直线段，该阶段反映了压力和压力导数曲线受早期井筒储集效应的影响；

②中期边界反映阶段，具体表现为：在双对数曲线上，压力导数曲线迅速下掉，且压力曲线趋于某一定值，该阶段反映了定压边界对压力和压力导数曲线的影响。

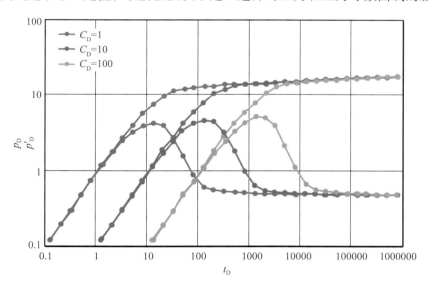

图4.2　井筒储存系数 C_D 对井底压力响应曲线的影响

图4.3是表皮系数 S 对顶底定压直井井底压力响应曲线的影响关系图。

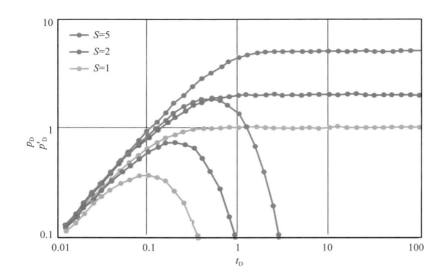

图 4.3　表皮系数 S 对井底压力响应曲线的影响

从图 4.3 中可以看出：与前面类似，表皮效应对井底压力动态曲线的影响存在于除纯井筒储存阶段以外的任何流动阶段，表皮系数 S 越大，无量纲压力曲线的位置越高，无量纲压力曲线与无量纲压力导数曲线之间的距离越大，表示井所受的污染越严重；在压力导数曲线上，表皮系数对曲线形态的影响主要反映在由纯井筒储存阶段向内区径向流动阶段的过渡阶段，表皮系数 S 越大，过渡段的驼峰越高；反之，表皮系数越小，过渡段的驼峰越低。

（3）顶底封闭、径向封闭边界直井渗流特征和影响因素分析。

图 4.4 给出了外边界封闭、顶底封闭直井双对数压力响应和压力导数曲线，从双对数曲线中可以发现直井渗流存在三个流动阶段：

①早期纯井筒储集阶段，在压力和压力导数双对数曲线上表现为斜率为 1 的直线，该阶段反映了早期井筒储集效应对压力和压力导数曲线的影响；

②中期径向阶段，在压力和压力导数双对数曲线上，压力导数曲线出现水平段斜率为 0，该阶段反映了水平方向上的径向流动；

③晚期径向封闭边界反映阶段，具体表现为：在双对数曲线上，压力导数曲线迅速上升，且压力导数呈一定斜率的直线，该阶段反映了封闭边界对压力和压力导数曲线的影响。

图 4.4 是圆形封闭外边界距离 R_D 对顶底封闭、外边界封闭直井井底压力动态的影响关系图。从图中可以看出，存在圆形封闭外边界情形的流动阶段表现为一个晚期的拟稳态流动阶段，其渗流特征为晚期压力与导数曲线均为一定斜率的直线段，而到边界的距离主要影响径向流动阶段的结束时间；到边界距离 R_D 越大，径向流动阶段的结

束时间越晚；反之，R_D 越小，径向流动阶段的结束时间就越早，如果 R_D 足够小，则径向流动阶段就可能观测不到，如图中 R_D=100 的情形。晚期边界反映阶段，压力和压力导数曲线重合，且不同的曲线族表现为互为平行的趋势。

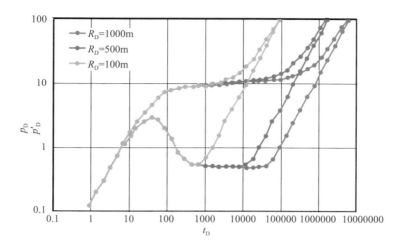

图 4.4　圆形封闭外边界距离 R_D 对井底压力响应曲线的影响

图 4.5 是表皮系数 S 对顶底封闭、外边界封闭直井井底压力动态的影响关系图。从图中可以看出，表皮效应对井底压力动态曲线的影响存在中期流动阶段，表皮系数 S 越大，中期段无量纲压力曲线的位置越高，无量纲压力曲线与无量纲压力导数曲线之间的距离越大，表示井所受的污染越严重；在压力导数曲线上，表皮系数对曲线形态的影响主要反映在由纯井筒储存阶段向内区径向流动阶段的过渡阶段，表皮系数 S 越大，过渡段的驼峰越高；反之，表皮系数越小，过渡段的驼峰越低。

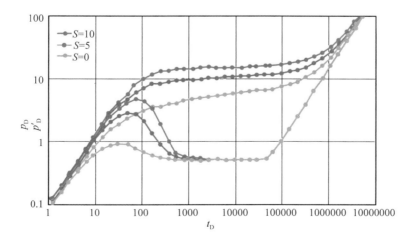

图 4.5　表皮系数 S 对井底压力响应曲线的影响

图 4.6 是井筒储存系数 C_D 对顶底封闭、外边界封闭直井井底压力动态的影响关系图。从图中可以看出，与前面情况类似，井筒储存系数对顶底封闭直井井底压力动态的影响主要表现在井筒储集的时间上：井筒储存系数越大，井筒储集的时间越长，在早期井筒储集阶段，不同曲线族表现为互为平行的趋势。

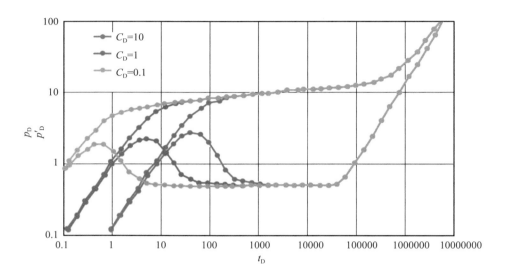

图 4.6　井筒储存系数 C_D 对井底压力响应的影响

（4）顶底封闭、径向定压边界直井渗流特征和影响因素分析。

图 4.7 给出了顶底封闭，外边界定压直井双对数压力响应和压力导数曲线，从双对数曲线中可以发现存在三个流动阶段：

①早期纯井储阶段，在压力和压力导数双对数曲线上表现为斜率为 1 的直线段，该阶段主要表现为：压力和压力导数曲线受早期井筒储集效应的影响；

②中期径向流动阶段，在压力和压力导数双对数曲线上，压力导数曲线出现第二水平段且值为 0.5，该段反映了早期水平方向的径向流动阶段；

③晚期径向定压边界反映阶段，具体表现为：在双对数曲线上，压力导数曲线迅速下掉，且压力曲线趋于某一定值，该阶段反映了定压边界对压力和压力导数曲线的影响。

图 4.7 是表皮系数 S 对顶底封闭、外边界定压直井井底压力动态的影响关系图。与前面较类似，表皮系数 S 越大，无量纲压力曲线的位置越高，无量纲压力曲线与无量纲压力导数曲线之间的距离越大，表示井所受的污染越严重；表皮系数 S 越大，过渡段的驼峰越高；反之，表皮系数越小，过渡段的驼峰越低。

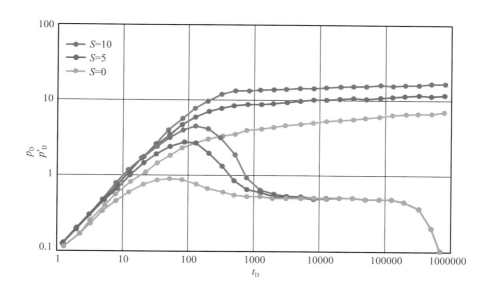

图 4.7　表皮系数 S 对井底压力响应的影响

图 4.8 是井筒储存系数 C_D 对顶底封闭、外边界定压直井井底压力动态的影响关系图。与前面类似，从图中可以看出，井筒储存系数对顶底封闭直井井底压力动态的影响主要表现在井筒储集的时间上：井筒储存系数越大，井筒储集的时间越长。

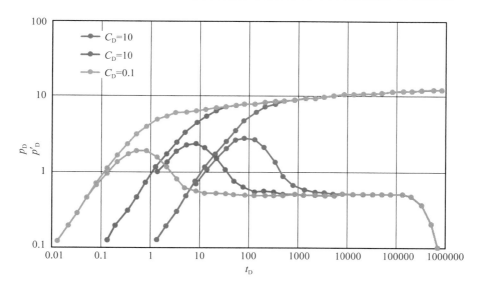

图 4.8　井筒储存系数 C_D 对井底压力响应的影响

图 4.9 是圆形供给外边界对顶底封闭、外边界定压直井井底压力动态的影响关系图。从图中可以看出，圆形供给外边界情形的流动阶段表现为一个晚期的稳定流动阶

段，其渗流特征为晚期无量纲压力曲线为一条水平直线段、导数曲线则下降变为零。到外边界的距离主要影响径向流动阶段的结束时间，到外边界距离 R_{eD} 越大，径向流动阶段持续的时间越长，结束的时间越晚；反之，R_{eD} 越小，径向流动阶段持续的时间越短，结束时间就越早，如果 R_{eD} 足够小，则径向流动阶段将被外边界控制的稳定流动阶段所掩盖，如图中 $R_{eD}=100m$ 的情形。

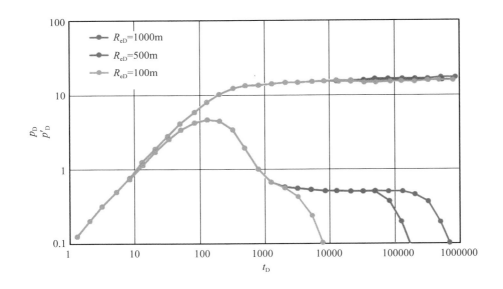

图 4.9　圆形供给外边界距离 R_{eD} 对井底压力响应的影响

4.5　异常高压气井试井解释实例

4.5.1　克拉 2 气田历年试井统计

克拉 2 气田 18 口气井从 2005 年至 2014 年初共进行了 129 井次的压力恢复测试，其中井口测试 70 井次，井底测试 59 井次（图 4.10），这奠定了进行动态追踪试井解释的资料基础。而且克拉 2 气田多数井都具有两次以上的测试资料，如图 4.11 所示，通过对历年资料的分析，可以较为清楚地认识水侵动态、地层伤害以及地层物性。

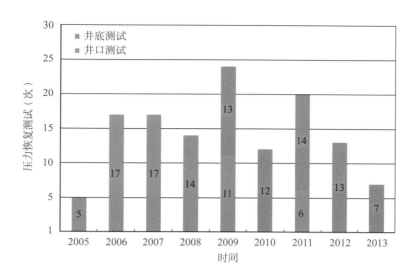

图 4.10　克拉 2 气田历年压力恢复测试次数柱状图

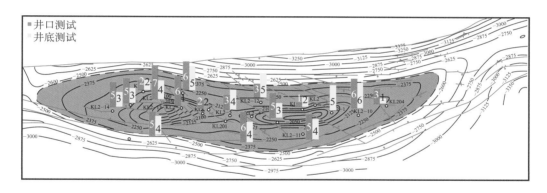

图 4.11　克拉 2 气田单井历年压力恢复测试次数统计图

4.5.2　克拉 2 气田单井历年试井解释

（1）KL2–1 井。

KL2–1 井是库车坳陷北部克拉苏构造带克拉苏 2 号构造东高点东部的一口开发井，位于新疆拜城县北东 54km，KL2 南东 900m 处。该井于 2005 年 12 月 24 日开钻，2006 年 4 月 26 日完钻。射孔井段 E+K 层，为 3548.0 ～ 3611.5m，3618.5 ～ 3669.0m 和 3675.0 ～ 3705.0m，其中 3548.0 ～ 3705.0m 为目的层，厚度 144m。

KL2–1 井分别于 2009 年 9 月、2010 年 9 月、2011 年 5 月、2012 年 8 月以及 2013 年 9 月进行了 5 次的压力恢复测试，为了达到跟踪 KL2–1 井生产动态变化特征的目的，同时尽可能地消除试井解释的多解性，从而反映真实的储层特征，将历年试井解释结果叠加分析，见图 4.12 和表 4.1。

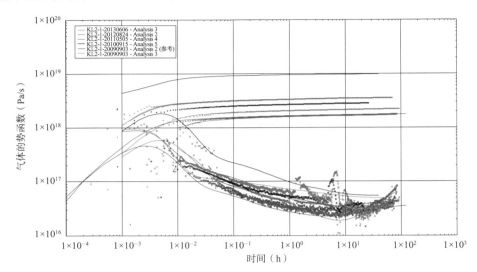

图 4.12　KL2-1 井历年压力恢复测试双对数曲线叠加图

表 4.1　KL2-1 井历年试井解释结果对比

压力恢复测试 时间	解释模型	井储系数 C（m³/MPa）	表皮系 数 S	渗透率 K （mD）	地层系数 Kh（mD·m）	平均压力 p_{AVG}（MPa）
2009.9	部分打开＋均质无限大地层	0.783	13	76.1	22107	58.67
2010.9	部分打开＋均质无限大地层	1.59	12.9	78.6	22800	54.87
2011.5	部分打开＋径向复合	2.17	10.56	74.3	21600	54.70
2012.8	部分打开＋径向复合	1.4	12.9	76	22100	52.24
2013.6	部分打开＋径向复合	3	10.7	72	20900	50.33

（2）KL2-2 井。

KL2-2 井位于库车坳陷北部克拉苏构造带克拉苏 2 号构造东高点上，位于新疆拜城县北东约 54km，克拉 2 井南西约 625m 处。该井于 2005 年 11 月 12 日开钻，2006 年 3 月 15 日完钻，完钻井深 3885m，射孔井段为 3570.0～3614.0m，3619.0～3670.0m 和 3675.0～3716.0m，目的层为 3570.0～3716.0m，厚度 136m。

KL2-2 井分别于 2010 年 9 月和 2012 年 4 月进行了 2 次的压力恢复测试，为了达到跟踪 KL2-2 井生产动态变化特征的目的，同时尽可能地消除试井解释的多解性，从而反映真实的储层特征，将历年试井解释结果叠加分析，见图 4.13 和表 4.2。

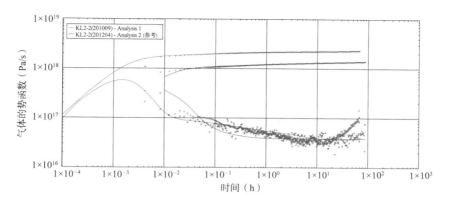

图 4.13　KL2-2 井历年压力恢复测试双对数曲线叠加图

表 4.2　KL2-2 井历年试井解释结果对比

压力恢复测试时间	解释模型	井储系数 C（m³/MPa）	表层系数 S	渗透率 K（mD）	地层系数 Kh（mD·m）	平均压力 p_{AVG}（MPa）
2010.9	部分打开 + 均质无限大地层	1.09	13.4	82.1	22100	55.48
2012.4	部分打开 + 均质无限大地层	11	3.15	85.6	23100	52.53

（3）KL2-3 井。

KL2-3 井位于库车坳陷北部克拉苏构造带克拉苏 2 号构造东高点中偏西端，位于新疆拜城县北东约 54km，克拉 201 井东约 2.5km 处。该井于 2004 年 3 月 2 日开钻，2004 年 8 月 27 日完钻。该井射孔井段为 3566.19 ～ 3765.19m，目的层为 3566.19 ～ 3765.19m，厚度 199m。

KL2-3 井分别于 2009 年 8 月、2010 年 9 月和 2011 年 9 月进行了 3 次的压力恢复测试，为了达到跟踪 KL2-3 井生产动态变化特征的目的，同时尽可能地消除试井解释的多解性，从而反映真实的储层特征，将历年试井解释结果叠加分析，见图 4.14 和表 4.3。

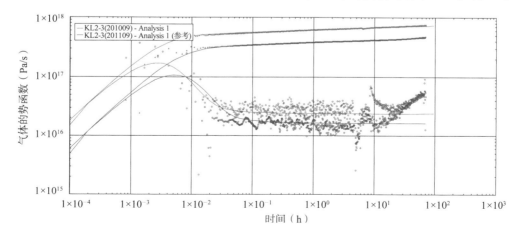

图 4.14　KL2-3 井历年压力恢复测试双对数曲线叠加图

表 4.3　KL2-3 井历年试井解释结果对比

压力恢复测试时间	解释模型	井储系数 C（m³/MPa）	表皮系数 S	渗透率 K（mD）	地层系数 Kh（mD·m）	平均压力 p_{AVG}（MPa）
2009.8	部分打开 + 均质无限大地层	2.2	8.92	57.6	17900	58.73
2010.9	部分打开 + 均质无限大地层	3.48	4.32	57.9	18000	55.64
2011.9	部分打开 + 均质无限大地层	7.54	2.96	58.9	18300	53.68

（4）KL2-4 井。

KL2-4 井是库车坳陷北部克拉苏构造带克拉苏 2 号构造东高点中偏西端的一口开发井，位于新疆拜城县北东约 54km，克拉 201 井东约 1.4km 处。该井于 2004 年 5 月 14 日开钻，2004 年 10 月 29 日完钻。射孔井段 E 层 3577 ~ 3715m。

KL2-4 井分别于 2009 年 8 月、2010 年 9 月、2011 年 9 月和 2012 年 5 月进行了 4 次的压力恢复测试，为了达到跟踪 KL2-4 井生产动态变化特征的目的，同时尽可能地消除试井解释的多解性，从而反映真实的储层特征，将历年试井解释结果叠加分析，见图 4.15 和表 4.4。

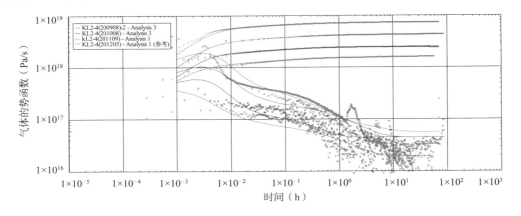

图 4.15　KL2-4 井历年压力恢复测试双对数曲线叠加图

表 4.4　KL2-4 井历年试井解释结果对比

压力恢复测试时间	解释模型	井储系数 C（m³/MPa）	表皮系数 S	渗透率 K（mD）	地层系数 Kh（mD·m）	平均压力 p_{AVG}（MPa）
2009.8	部分打开 + 均质无限大地层	0.589	5.15	61.5	15800	58.48
2010.9	部分打开 + 均质无限大地层	0.54	5.26	61.7	15800	55.48
2011.9	部分打开 + 均质无限大地层	0.455	5.2	61.3	15700	53.43
2012.5	部分打开 + 均质无限大地层	0.875	5.12	61.7	15800	52.24

（5）KL2-5井。

KL2-5井是库车坳陷北部克拉苏构造带克拉苏2号构造东西高点之间鞍部的一口开发井，位于新疆拜城县北东约54Km，KL2-4井以西925m处。该井于2005年11月16日开钻，2006年4月15日完钻。该井射孔井段为3621.5～3751.0m和3682.5～3751.0m，目的层为3621.5～3675.0m，厚度122m。

KL2-5井分别于2009年8月、2011年9月、2012年5月以及2013年9月进行了4次的压力恢复测试，为了达到跟踪KL2-5井生产动态变化特征的目的，同时尽可能地消除试井解释的多解性，从而反映真实的储层特征，将历年试井解释结果叠加分析，见图4.16和表4.5。

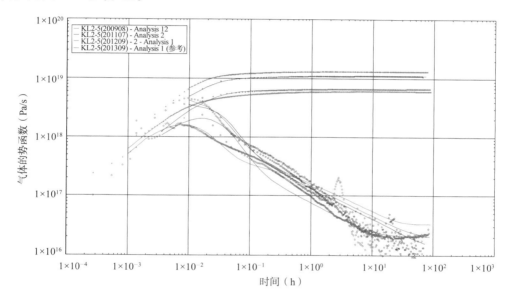

图 4.16　KL2-5井历年压力恢复测试双对数曲线叠加图

表 4.5　KL2-5井历年试井解释结果对比

压力恢复测试时间	解释模型	井储系数 C（m³/MPa）	表皮系数 S	渗透率 K（mD）	地层系数 Kh（mD·m）	平均压力 p_{AVG}（MPa）
2009.8	部分打开＋均质无限大地层	0.992	8.51	56.5	13200	58.52
2011.7	部分打开＋均质无限大地层	0.366	6.63	53.6	12600	53.97
2012.9	部分打开＋均质无限大地层	0.245	8.65	55.7	13100	51.88
2013.9	部分打开＋均质无限大地层	1.13	8.81	57.9	13600	49.59

（6）KL2-6井。

KL2-6井是位于库车坳陷北部克拉苏构造带克拉苏2号构造西高点东部的一口开

发井，位于新疆拜城县北东约 54km，KL2-7 井南东约 1000m。该井于 2005 年 10 月 28 日开钻，2006 年 3 月 25 日完钻。射孔井段 E+K 层 3602 ~ 3748m。

KL2-6 井分别于 2011 年 5 月和 2012 年 9 月进行了 2 次的压力恢复测试，为了达到跟踪 KL2-6 井生产动态变化特征的目的，同时尽可能地消除试井解释的多解性，从而反映真实的储层特征，将历年试井解释结果叠加分析，见图 4.17 和表 4.6。

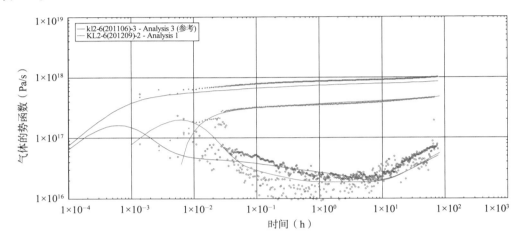

图 4.17　KL2-6 井历年压力恢复测试双对数曲线叠加图

表 4.6　KL2-6 井历年试井解释结果对比

压力恢复测试时间	解释模型	井储系数 C（m³/MPa）	表皮系数 S	渗透率 K（mD）	地层系数 Kh（mD·m）	平均压力 p_{AVG}（MPa）
2011.5	部分打开＋均质＋夹角断层	2.8	5.37	58.8	14500	54.35
2012.9	部分打开＋均质＋夹角断层	4	5.76	54.5	13500	51.9

（7）KL2-7 井。

KL2-7 井位于库车坳陷北部克拉苏构造带克拉苏 2 号构造东高点中偏西端，新疆拜城县北东约 54km，克拉 201 井东约 1km 处。该井于 2004 年 2 月 27 日开钻，2004 年 8 月 31 日完钻，完钻井深 3944.8m，该井射孔井段为 3578.0 ~ 3608.0m，3613.0 ~ 3644.0m，3649.0 ~ 3687.0m，3692.0 ~ 3740.0m 和 3709.0 ~ 3743.5m，目的层为 3578.0 ~ 3743.5m，厚度 145.5m。

KL2-7 井于 2011 年 6 月进行了 1 次的压力恢复测试，试井典型图版见图 4.18，试井结论见表 4.7。

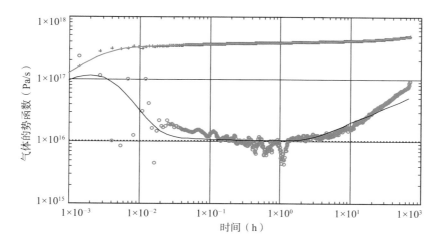

图 4.18　KL2-7 井 2011 年压力恢复测试双对数曲线

表 4.7　KL2-7 井 2011 年试井解释结果

压力恢复测试时间	解释模型	井储系数 C（m^3/MPa）	表皮系数 S	渗透率 K（mD）	地层系数 Kh（mD·m）	平均压力 p_{AVG}（MPa）
2011.9	部分打开＋均质＋平行断层	2.79	9.35	94.9	25000	54.68

（8）KL2-8 井。

KL2-8 井是库车坳陷北部克拉苏构造带克拉苏 2 号构造西高点中部北偏西的一口开发井，位于新疆拜城县北东约 54km，KL203 井东偏南约 1.2km 处。该井于 2004 年 5 月 6 日开钻，2004 年 10 月 20 日完钻。射孔井段 K 层 3629 ～ 3800m。

KL2-8 井分别于 2010 年 4 月、2011 年 5 月、2011 年 9 月和 2012 年 9 月进行了 4 次的压力恢复测试，为了达到跟踪 KL2-8 井生产动态变化特征的目的，同时尽可能地消除试井解释的多解性，从而反映真实的储层特征，将历年试井解释结果叠加分析，见图 4.19 和表 4.8。

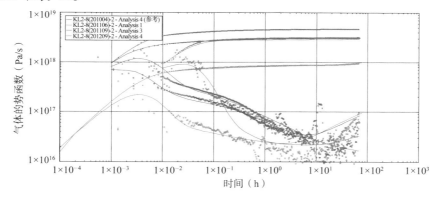

图 4.19　KL2-8 井历年压力恢复测试双对数曲线叠加图

表 4.8　KL2-8 井历年试井解释结果对比

压力恢复测试时间	解释模型	井储系数 C（m³/MPa）	表皮系数 S	渗透率 K（mD）	地层系数 Kh（mD·m）	平均压力 p_{AVG}（MPa）
2010.4	部分打开＋均质无限大地层	0.424	8.24	83	22500	56.12
2011.5	部分打开＋均质＋平行断层	2.81	7.76	84.8	23000	55.4
2011.9	部分打开＋均质＋平行断层	0.37	5.38	82.2	22300	54.69
2012.9	部分打开＋均质＋平行断层	5.08	6.95	86.7	23500	52.4

（9）KL2-9 井。

KL2-9 井位于库车坳陷北部克拉苏构造带克拉苏 2 号构造西北翼，位于新疆拜城县北东约 54km，KL203 井北东 738m 处。该井于 2006 年 6 月 26 日开钻，2006 年 12 月 19 日完钻。该井射孔井段为：3780.0～3825.0m，3830.0～3871.0m 和 3876.0～3883.0m，共 93m。

KL2-9 井分别于 2009 年 8 月以及 2013 年 8 月进行了 2 次压力恢复测试，为了达到跟踪 KL2-9 井生产动态变化特征的目的，同时尽可能地消除试井解释的多解性，从而反映真实的储层特征，将历年试井解释结果叠加分析，见图 4.20 和表 4.9。

表 4.9　KL2-1 井历年试井解释结果对比

压力恢复测试时间	解释模型	井储系数 C（m³/MPa）	表皮系数 S	渗透率 K（mD）	地层系数 Kh（mD·m）	平均压力 p_{AVG}（MPa）
2009.8	部分打开＋均质无限大地层	0.134	11	9.05	1970	58.57
2013.8	部分打开＋均质无限大地层	0.933	6.62	11	2400	49.53

（10）KL2-10 井。

KL2-10 井是位于库车坳陷北部克拉苏构造带克拉苏 2 号构造东高点东部的一口开发井，位于新疆拜城县北东约 54km、KL204 井南西西约 1.3km 处。该井于 2005 年 4 月 30 日开钻，2005 年 9 月 8 日完钻。该井射孔井段 3641～3675m，3682～3706m，3713～3731m 和 3737～3755m。

KL2-10 井分别于 2010 年 9 月、2011 年 9 月、2012 年 3 月、2012 年 9 月以及 2013 年 7 月进行了 5 次的压力恢复测试，为了达到跟踪 KL2-10 井生产动态变化特征的目的，同时尽可能地消除试井解释的多解性，从而反映真实的储层特征，将历年试井解释结果叠加分析，见图 4.21 和表 4.10。

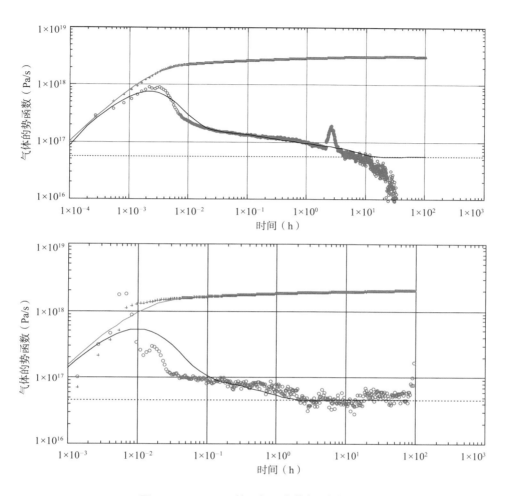

图 4.20　KL2-1 井历年压力恢复测试双对数曲线图

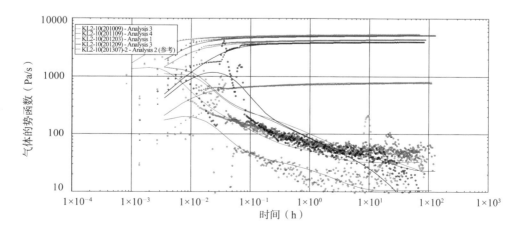

图 4.21　KL2-10 井历年压力恢复测试双对数曲线叠加图

表 4.10　KL2-10 井历年试井解释结果对比

压力恢复测试时间	解释模型	井储系数 C（m³/MPa）	表皮系数 S	渗透率 K（mD）	地层系数 Kh（mD·m）	平均压力 p_{AVG}（MPa）
2010.9	部分打开+均质无限大地层	0.22	6.15	48.1	10600	55.77
2011.9	部分打开+均质无限大地层	0.464	8.73	45.4	9980	54.03
2012.3	部分打开+均质无限大地层	0.47	8.79	45.4	9990	52.89
2012.9	部分打开+均质无限大地层	1.33	8.32	45.9	10100	52.12
2013.7	部分打开+均质无限大地层	2.24	6.66	45.5	10000	50.16

（11）KL2-11 井。

KL2-11 井位于库车坳陷北部克拉苏构造带克拉苏 2 号构造东高点南部，位于新疆拜城县北东约 54km，KL2-3 井南东约 1140m 处。该井于 2005 年 4 月 16 日开钻，2005 年 9 月 10 日完钻。该井射孔井段为 3640.0～3649.0m，3654.0～3725.0m 和 3730.0～3740.0m，目的层为 3640.0～3740.0m，厚度 90m。

KL2-1 井分别于 2009 年 8 月、2010 年 9 月、2011 年 9 月以及 2013 年 8 月进行了 4 次的压力恢复测试，为了达到跟踪 KL2-11 井生产动态变化特征的目的，同时尽可能地消除试井解释的多解性，从而反映真实的储层特征，将历年试井解释结果叠加分析，见图 4.22 和表 4.11。

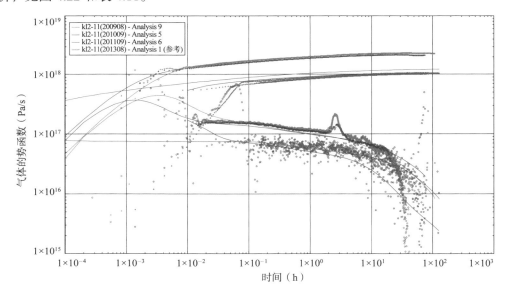

图 4.22　KL2-11 井历年压力恢复测试双对数曲线叠加图

表 4.11   KL2-11 井历年试井解释结果对比

压力恢复测试时间	解释模型	井储系数 C（m³/MPa）	表皮系数 S	渗透率 K（mD）	地层系数 Kh（mD·m）	平均压力 p_{AVG}（MPa）
2009.8	部分打开＋均质无限大地层＋底部水驱	0.712	1.5	46.2	9690	58.92
2010.9	部分打开＋均质无限大地层＋底部水驱	0.343	1.8	45.2	9500	55.71
2011.9	部分打开＋均质无限大地层＋底部水驱	1.21	2.42	47.7	10000	53.88
2013.8	部分打开＋均质无限大地层＋底部水驱	2.35	1.39	46.3	9720	49.95

（12）KL2-12 井。

KL2-12 井位于库车坳陷北部克拉苏构造带克拉苏 2 号构造东西高点之间鞍部，位于新疆拜城县北东约 54km、KL2-4 井北东约 760m 处。该井于 2005 年 3 月 8 日开钻，2005 年 10 月 24 日完钻。该井射孔井段为 3733.51 ~ 3749.51m，3754.51 ~ 3801.51m 和 3806.51 ~ 3829.51m，目的层为 3734.0 ~ 3830m，厚度 86m。

KL2-12 井分别于 2009 年 8 月、2010 年 9 月、2011 年 5 月、2012 年 9 月以及 2013 年 7 月进行了 5 次的压力恢复测试，为了达到跟踪 KL2-1 井生产动态变化特征的目的，同时尽可能地消除试井解释的多解性，从而反映真实的储层特征，将历年试井解释结果叠加分析，见图 4.23 和表 4.12。

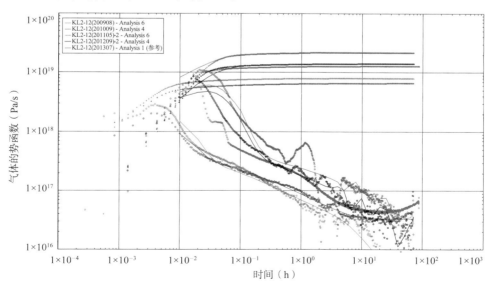

图 4.23   KL2-12 井历年压力恢复测试双对数曲线叠加图

表 4.12　KL2—12 井历年试井解释结果对比

压力恢复测试时间	解释模型	井储系数 C（m³/MPa）	表皮系数 S	渗透率 K（mD）	地层系数 Kh（mD·m）	平均压力 p_{AVG}（MPa）
2009.8	部分打开 + 均质无限大地层 + 底部水驱	0.293	32.1	31.4	5700	58.9623
2010.9	部分打开 + 均质无限大地层	0.18	91	35	6350	55.76
2011.5	部分打开 + 均质无限大地层	0.207	159	24.4	4420	54.48
2012.9	部分打开 + 均质无限大地层 + 底部水驱	0.239	151	13.7	2490	52.04
2013.7	部分打开 + 均质无限大地层 + 底部水驱	0.151	170	8.2	1490	49.98

（13）KL2—13 井。

KL2—13 井是库车坳陷北部克拉苏构造带、KL2 号构造西高点的一口开发井，位于新疆拜城县北约 54km、KL2—8 井南约 530m 处。该井于 2004 年 5 月 14 日开钻，2004 年 10 月 29 日完钻。射孔井段 E 层，该井射孔井段为 3765 ～ 3865m 和 3896 ～ 3925m，目的层为 3765 ～ 3925m，厚度 160m。

KL2—13 井分别于 2009 年 9 月、2010 年 4 月、2011 年 9 月和 2012 年 8 月进行了 4 次的压力恢复测试，为了达到跟踪 KL2—13 井生产动态变化特征的目的，同时尽可能地消除试井解释的多解性，从而反映真实的储层特征，将历年试井解释结果叠加分析，见图 4.24 和表 4.13。

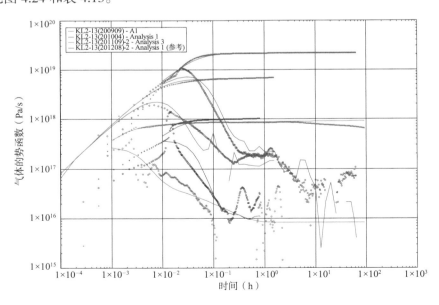

图 4.24　KL2—13 井历年压力恢复测试双对数曲线叠加图

表 4.13 KL2-13 井历年试井解释结果对比

压力恢复测试时间	解释模型	井储系数 C（m³/MPa）	表皮系数 S	渗透率 K（mD）	地层系数 Kh（mD·m）	平均压力 p_{AVG}（MPa）
2009.9	部分打开 + 均质无限大地层	0.362	15.1	58	16400	58.40
2010.4	部分打开 + 均质无限大地层	1.7	37.1	33.9	6780	56.88
2011.9	部分打开 + 均质无限大地层	0.131	57.6	8.33	1670	54.55
2012.8	部分打开 + 均质无限大地层	0.169	76.3	3.16	631	52.43

（14）KL2-14。

KL2-14 井是库车坳陷北部克拉苏构造带克拉苏 2 号构造西高点西部的一口开发井，位于新疆拜城县北东约 54km、KL203 井南西约 970m 处。该井于 2005 年 4 月 19 日开钻，2005 年 9 月 10 日完钻。该井射孔井段 E+K 层，为 3711.94 ～ 3740.94m，3745.94 ～ 3789.94m 和 3794.94 ～ 3825.94m，目的层为 3711.9 ～ 3825.9m，厚度 104m。

KL2-14 井分别于 2009 年 8 月、2010 年 4 月和 2012 年 8 月进行了 3 次的压力恢复测试，为了达到跟踪 KL2-14 井生产动态变化特征的目的，同时尽可能地消除试井解释的多解性，从而反映真实的储层特征，将历年试井解释结果叠加分析，见图 4.25 和表 4.14。

表 4.14 KL2-14 井历年试井解释结果对比

压力恢复测试时间	解释模型	井储系数 C（m³/MPa）	表皮系数 S	渗透率 K（mD）	地层系数 Kh（mD·m）	平均压力 p_{AVG}（MPa）
2009.8	部分打开 + 均质无限大地层 + 底部水驱	0.412	195	11.2	2250	58.31
2010.4	部分打开 + 均质无限大地层	0.473	233	7.04	1410	56.56
2012.8	部分打开 + 均质无限大地层	0.342	563	4.66	936	52.43

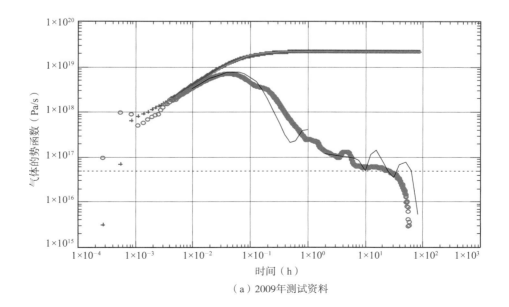

（a）2009年测试资料

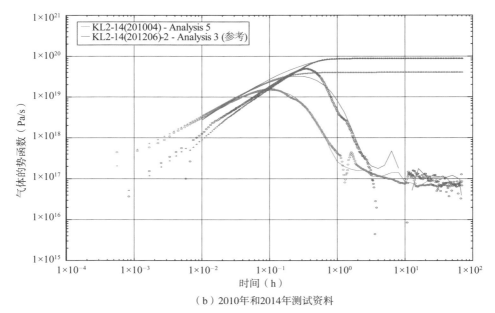

（b）2010年和2014年测试资料

图 4.25　KL2-14 井历年压力恢复测试双对数曲线叠加图

（15）KL2-15 井。

KL2-15 井位于库车坳陷北部克拉苏构造带克拉苏 2 号构造东高点北翼，位于新疆拜城县北东约 54km。该井于 2007 年 7 月 13 日开钻，2008 年 9 月 16 日完钻。该井射孔井段为 4973.5 ～ 5038.5m 和 3605.5 ～ 3722m，其中目的层为 3605.5 ～ 3722m，厚度 116.5m。

KL2-15 井于 2012 年 8 月进行了 1 次压力恢复测试，试井双对数典型曲线见图 4.26，试井结果见表 4.15。

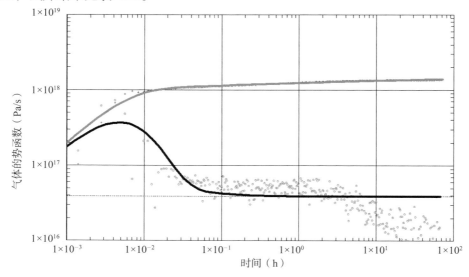

图 4.26　KL2-15 井历年压力恢复测试双对数曲线叠加图

表 4.15　KL2–15 井历年试井解释结果对比

压力恢复测试时间	解释模型	井储系数 C（m³/MPa）	表皮系数 S	渗透率 K（mD）	地层系数 Kh(mD·m)	平均压力 p_{AVG}（MPa）
2012.8	部分打开 + 均质无限大地层	1.04	8.88	32.9	3840	52.03

（16）KL203 井。

KL203 井是库车坳陷北部克拉苏构造带克拉苏 2 号构造西翼的一口开发井，位于新疆拜城县北东方向约 50km，KL201 井西 4.5km，KL202 井北 2.0km 处。该井于 1999 年 9 月 29 日开钻，2000 年 2 月 26 日完钻。该井射孔井段 K 层，为 3698.5 ～ 3916m。2000 年 3 月 10 日至 2000 年 5 月 2 日进行了试油，该井于 2010 年 11 月 14 日至 2011 年 1 月 9 日进行了大修堵水作业。

KL203 井分别于 2009 年 8 月、2010 年 4 月以及 2012 年 8 月进行了 3 次的压力恢复测试，为了达到跟踪 KL203 井生产动态变化特征的目的，同时尽可能地消除试井解释的多解性，从而反映真实的储层特征，将历年试井解释结果叠加分析，见图 4.27 和表 4.16。

表 4.16　KL203 井历年试井解释结果对比

压力恢复测试时间	解释模型	井储系数 C（m³/MPa）	表皮系数 S	渗透率 K（mD）	地层系数 Kh(mD·m)	平均压力 p_{AVG}（MPa）
2009.8	部分打开 + 均质无限大地层	0.18	159	19.6	3410	58.37
2010.4	部分打开 + 均质无限大地层	0.142	302	4.98	863	56.85
2012.8	部分打开 + 均质无限大地层	0.21	541	34.7	2790	51.64

（17）KL205 井。

KL205 井位于库车坳陷北部克拉苏构造带克拉苏 2 号构造西北翼，位于新疆拜城县北东方向约 50km，KL201 井西 2.5km。该井于 2000 年 10 月 6 日开钻，2001 年 6 月 16 日完钻。该井射孔井段为 3789.0 ～ 3849.5m，3851.5 ～ 3864.5m，3866.5 ～ 3952.5m 和 4026 ～ 4029.5m，其中 3789.0 ～ 3952.0m 为目的层，厚度 159m。

KL205 井分别于 2009 年 8 月、2010 年 4 月、2011 年 5 月、2012 年 8 月以及 2013 年 9 月进行了 5 次的压力恢复测试，为了达到跟踪 KL205 井生产动态变化特征的目的，同时尽可能地消除试井解释的多解性，从而反映真实的储层特征，将历年试井解释结果叠加分析，见图 4.28 和表 4.17。

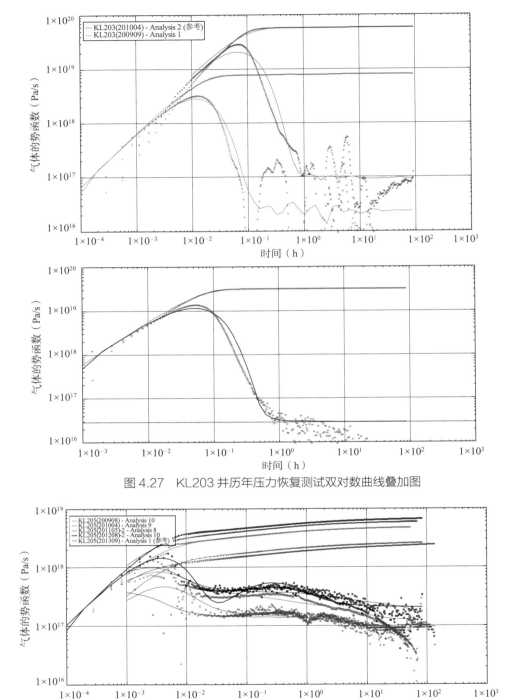

图 4.27　KL203 井历年压力恢复测试双对数曲线叠加图

图 4.28　KL205 井历年压力恢复测试双对数曲线叠加图

表 4.17 KL205 井历年试井解释结果对比

压力恢复测试时间	解释模型	井储系数 C（m³/MPa）	表皮系数 S	渗透率 K（mD）	地层系数 Kh（mD·m）	平均压力 p_{AVG}（MPa）
2009.8	部分打开 + 均质无限大地层	0.222	1.62	5.4	1140	58.70
2010.4	部分打开 + 均质无限大地层	0.146	2.93	5.6	1180	56.43
2011.5	部分打开 + 均质无限大地层	0.574	3.63	6.38	1350	53.86
2012.8	部分打开 + 均质无限大地层	0.189	5.93	5.74	1210	51.40
2013.9	部分打开 + 均质无限大地层	0.205	1.47	6.79	1440	49.13

4.5.3 克拉 2 气田试井分析结果

在对克拉 2 气田所有井进行分析的基础上，结合克拉 2 气田地质情况，总体上可以将克拉 2 气田的测试井分为三大类、四小类，见表 4.18。

表 4.18 克拉 2 气田试井典型曲线分类

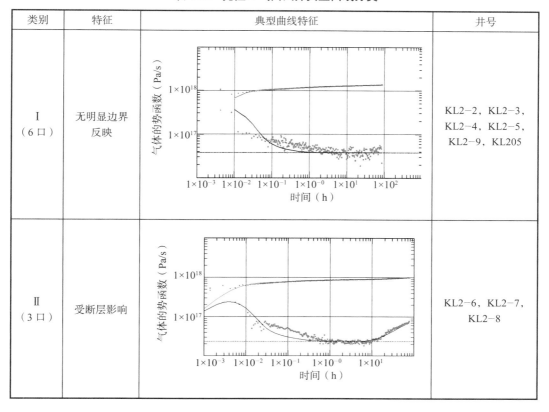

类别	特征	典型曲线特征	井号
I （6 口）	无明显边界反映		KL2-2，KL2-3，KL2-4，KL2-5，KL2-9，KL205
II （3 口）	受断层影响		KL2-6，KL2-7，KL2-8

类别	特征	典型曲线特征	井号
Ⅲ （8口）	受边底水影响	以边水影响为主 	KL2−14，KL2−10，KL2−1，KL204
		以底水影响为主 	KL203，KL2−13，KL2−11，KL2−12

如表 4.18 所示，克拉 2 气田所有的测试井根据典型曲线的具体形态主要分为：第Ⅰ大类无明显边界反映类型，这类井在测试过程中周边井提前关井，减少了井间的干扰，同时，历年该类气井多次测试的物性变化较小，没有表现出来很明显的边界特征，该类气井主要分布在气藏的中部，解释的时候主要使用均质无限大地层模型解释；第Ⅱ大类受断层影响类型，该类气井由于井周断层发育，在压力导数曲线上明显地表现出来断层影响的特征，并且历年测试表明边界距离未发生明显变化。以上两种类型对应的都是边界没有发生变化，物性变化小的井。第Ⅲ大类就是由于边底水的影响造成了试井典型曲线以及物性特征发生了明显变化的井，这一类井根据产气剖面测试和 PNN 测试以及地层水分析的结果又可以细分为两类；一类井是以边水影响为主的气井，该类气井试井典型曲线主要表现出明显的动边界特征，随着生产时间的延长，不同时期试井典型曲线径向流结束的时间不同，因此可以用来辅助判断边水推进速度，并对边水影响气井提出预警；另一类井是主要受底水影响导致压力导数曲线后期下掉的产气井，此类气井可以结合测井、产气剖面以及气水界面监测准确识别，在确定了此类井以后，配产时需要着重考虑水锥的影响。

5　数值试井解释技术

5.1　数值试井概述

　　数值试井方法是 20 世纪 90 年代以来试井分析理论与油藏数值模拟发展的一个新方向，研究的内容主要是选择正确的油藏模型，进行合理的网格划分；严格控制数值模拟精度，采用合适的预处理器与矩阵求解器，求解试井问题，获取目标参数，指导油田实践。

　　传统的试井解释方法是在解析模型的基础上，形成线性拟合和典型曲线匹配的方法。它是根据压力导数结合地质、岩石、油井、流体状况等选择合适的解析模型，采用不稳定压力分析处理真实压力动态，获得近井和油藏的特征。由于传统的试井解释技术对于复杂的油藏，如具有不同表皮系数的多层、复杂的不对称边界等问题都不能准确描述，因而须研究数值试井方法和研制数值试井软件。数值试井方法是在试井分析领域内采用了油藏数值模拟技术，通过对整个复杂区域（包括井和油藏）进行网格划分，用合适的数值离散方法对有关压力的连续性方程进行离散，从而生成离散方程组，再求解离散方程，用求得的近似压力响应与实测的压力数据进行比较，得到解释参数，从而更好地评价复杂的油气藏。

　　数值试井方法与油藏数值模拟具有很多共同点：（1）两个问题都需要将区域划分为网格，在网格单元内，各处油藏属性和流体特征都被认为是相同的。（2）二者都需要建模并离散，用渗流的方程来为实际问题建模，根据实际问题，采用多相流或单相流的流动方程，用适当的离散方法将其离散，写出各个网格的离散形式的控制方程。（3）二者都需要根据区域中各个网格的流动方程，组成系数矩阵，进行求解，并对求解结果进行处理，用于指导实际开采。

　　然而数值试井与油藏数值模拟又有些不同点：（1）油藏数值模拟处理的问题基本是大规模的，这导致了网格划分方面的问题。一般来说网格划分得越粗，模拟的精度就越低；相反，网格划分得越细，模拟的精度就越高。为了取得较高的精度，人们希望网格划分得越细越好，但是受限于计算机的处理能力，如计算速度、存储量以及经济耗费等原因，应用于油藏数值模拟的网格不可能划分得很细，而数值试井问题需要更细的网格。针对试井的数值模拟与一般数值模拟相比，要求结果（如压力和产量）非常精确，常常需要对近井区进行局部网格加密，所以网格的大小、时间步长的选择以及网格类型应该严格地选择。（2）油藏数值模拟处理复杂边界情况、非均质地层属性时比较困难，如模拟断层、裂缝、裂缝井以及层间串流等，而这些问题采用数值试井方法可以较好解决。（3）油藏数值模拟一般是针对油藏整个开采周期内进行的，一般一个油藏只有一次开采机会，油藏数值模拟是随着开采情况不断修正参数的。数值试井则是针对有限区域内的有限口井展开，可以根据需要模拟试井压力降落和压力恢复，以随时取地层参数。

5.2　数值试井数学模型的建立

数值试井数学模型是指数值试井模拟中采用的基本流动控制方程和边界条件。控制方程主要包括：流动方程、状态方程和连续性方程。对于本文研究的流动问题，采用连续介质假设，把流体看作连续介质，研究对象是连续分布在多孔介质中的流体，我们所研究的内容是流体的宏观运动，即大量流体分子的平均行为。假设固相和孔隙都遍布整个介质，有通道在整个介质中广泛分布，这些通道中有连续的可以让流体流过。采用连续介质假设，则流体速度是空间坐标的连续函数。在一般情况下，地层中的流体流动引起的温度变化很小，则可假定为等温渗流，则以运动方程和连续性方程为基本方程，不考虑能量方程。不考虑非达西流动和宾汉（Bingham）流体，假定流动的雷诺数 $0<Re<5$，假定不存在启动压力梯度。

5.2.1　达西流动方程

渗流流动的基本方程是达西定律，这是一个经验公式，其含义是渗流速度正比于压差。引入单相（或多相）流的达西定律方程：

单相流达西定律

$$Q = \frac{KA}{\mu L}\Delta p \tag{5.1}$$

多相流达西定律

$$Q = \frac{KK_{\mathrm{r}}A}{\mu_{\mathrm{i}}L}\Delta p_{\mathrm{i}} \tag{5.2}$$

考虑重力影响，写成流动速度方程：

$$v = -\frac{K}{\mu}(\nabla p - \gamma \nabla Z) \tag{5.3}$$

$$v_l = -\frac{KK_{rl}}{\mu_l}(\nabla p_l - \gamma_l \nabla Z) \tag{5.4}$$

式中　v_l——渗流速度矢量，m/s；

　　　K——绝对渗透率，D；

　　　K_r——相对渗透率；

　　　μ——黏度，mPa·s；

　　　Z——垂向坐标，m；

　　　γ——相对密度；

　　　A——流动截面积，m²；

　　　L——流动距离，m；

　　　p——压力，Pa；

　　　l——水相、油相、气相的下标，l=w，o，g。

本文中变量无明确指出，一律采用 SI 单位制。

5.2.2　连续性方程

连续性方程是流体质量守恒的数学表达式。

对流场中任取一个控制体 Ω，该控制体为多孔介质，孔隙度为 ϕ。多孔介质被流体所充满，包围该控制体的外表面为 σ，在外表面取一个面元为 $d\sigma$，其法线方向为 n，通过该面元的渗流速度为 v，于是单位时间内通过面元 $d\sigma$ 的质量为 $\rho v \cdot n d\sigma$，因而通过整个外表 σ 流出的流体总质量为：

$$\oiint \rho v \cdot n d\sigma \tag{5.5}$$

另一方面，在控制体中一个体元 $d\Omega$，由于非稳态性因其密度随时间变化，导致整个控制体 Ω 内质量增加率为：

$$\iiint_{\Omega} \frac{\partial(\rho\phi)}{\partial t} d\Omega \tag{5.6}$$

此外，若控制体内有源（汇）分布，其强度为 q，则单位时间内整个控制体 Ω 有源（汇）分布产生的流量质量为：

$$\iiint_{\Omega} \rho q d\Omega \tag{5.7}$$

根据质量守恒定律，控制体内流量质量增量应等于源分布产生的质量减去通过外表面流出的质量，即：

$$\oiiint_\Omega \frac{\partial(\rho\phi)}{\partial t}\mathrm{d}\Omega = \int_\Omega \rho q\mathrm{d}\Omega - \iint_\Omega \rho v \cdot \boldsymbol{n}\mathrm{d}\sigma \tag{5.8}$$

利用高斯公式，面积积分可以化为体积积分，则连续性方程可以写作：

$$\oiiint_\Omega [\frac{\partial(\rho\phi)}{\partial t} + \nabla \cdot (\rho v) - q\rho]\mathrm{d}\Omega = 0 \tag{5.9}$$

由于控制体是任意的，则写出微分形式的连续性方程：

$$\frac{\partial(\rho\phi)}{\partial t} + \nabla \cdot (\rho v) = q\rho \tag{5.10}$$

将达西运动方程带入连续性方程，则可得渗流流动方程，即：

$$\frac{\partial(\rho\phi)}{\partial t} - \nabla \cdot [\frac{\rho K}{\mu}(\nabla p - \gamma\nabla Z)] = \rho q \tag{5.11}$$

对于非稳态无源流动：

$$\frac{\partial(\rho\phi)}{\partial t} - \nabla \cdot [\frac{\rho K}{\mu}(\nabla p - \gamma\nabla Z)] = 0 \tag{5.12}$$

油、水、气相混溶渗流连续性方程：

$$\frac{\partial(\rho_o\phi S_o)}{\partial t} - \nabla \cdot [\frac{\rho_o KK_{ro}}{\mu_o}(\nabla p_o - \gamma_o\nabla Z)] = \rho_o q_o \tag{5.13}$$

$$\frac{\partial(\rho_w\phi S_w)}{\partial t} - \nabla \cdot [\frac{\rho_w KK_{rw}}{\mu_w}(\nabla p_w - \gamma_w\nabla Z)] = \rho_w q_w \tag{5.14}$$

$$\frac{\partial}{\partial t}(\frac{\rho_g\phi S_g}{B_g} + \frac{\rho_g R_s\phi S_o}{B_o}) - \nabla \cdot [\frac{\rho_g KK_{ro}R_s}{\mu_o B_o}(\nabla p_o - \gamma_o\nabla Z) + \frac{\rho_g KK_{rg}R_s}{\mu_g B_g}(\nabla p_g - \gamma_g\nabla Z)] = \rho_g q_g$$

$$\tag{5.15}$$

下标 o，w 和 g 分别表示油相、水相和气相的量，S 为饱和度。

5.2.3　状态方程

为了求解上面的流动方程，还需引入状态方程。

考虑流体和岩石的压缩系数，渗流流动有以下状态方程

$$\phi = \phi^{\mathrm{ref}}[1 + C_{\mathrm{r}}(p - p^{\mathrm{ref}})]$$ （5.16）

$$B = B^{\mathrm{ref}} / [1 + C_{\mathrm{f}}(p - p^{\mathrm{ref}})]$$ （5.17）

$$S_{\mathrm{w}} + S_{\mathrm{o}} + S_{\mathrm{g}} = 1$$ （5.18）

其中，ϕ^{ref} 为参考地层孔隙度，B^{ref} 为参考地层体积系数，C_{r} 为岩石压缩系数，C_{f} 为流体压缩系数。

5.2.4　边界条件

数值模拟中常用的边界条件有三种：

（1）定压边界。又称 Dirichlet 条件。在内边界或井筒，表明井以恒定的生产压力生产（或注入）。在外边界处，则意味着边界压力保持恒定。

（2）定流量边界。又称 Neumann 条件。定流量边界即为定压力梯度，则在内边界井筒处，限定井筒流量值就相当于给定了井底压力梯度。

井底的达西定律表达式：

$$q = \frac{-2\pi \beta_{\mathrm{c}} r_{\mathrm{w}} Kh}{\mu} \frac{\mathrm{d}p}{\mathrm{d}r}\bigg|_{r=r_{\mathrm{w}}}$$ （5.19）

可得压力梯度项：

$$\frac{\mathrm{d}p}{\mathrm{d}r}\bigg|_{r=r_{\mathrm{w}}} = -\frac{q\mu}{2\pi \beta_{\mathrm{c}} r_{\mathrm{w}} Kh}$$ （5.20）

（3）混合边界。这种边界是指边界的某一部分为 Dirichlet 边界，其他部分则为 Neumann 边界条件。

5.3　数值模型的求解

5.3.1　物理模型的简化条件

为了数学上处理方便，将模型加以简化。假设如下：

（1）无限大地层中心一口生产井定产量生产；

（2）地层的孔隙度、渗透率不随时间和压力的变化；

（3）储层水平等厚、各向同性，上下具有良好的隔层，原始条件下地层压力均匀分布；

（4）忽略重力、毛细管力以及温度变化的影响；

（5）考虑井筒储集效应和表皮效应；

（6）远离生产井的地带服从达西定律；

（7）近井地带考虑天然气高速渗流，不服从达西定律；

（8）气水两相在渗流过程中不考虑滑脱损失。

5.3.2 气藏气水两相渗流方程

（1）达西方程。由于气体在储层中处于高速渗流的状态，尤其是在近井地带速度变化更快。因此，气体在地层中渗流，一部分基本满足达西定律，另一部分不满足达西定律，服从广义达西定律。气体渗流方程可表示为：

$$\frac{\mathrm{d}p}{\mathrm{d}l} = \frac{\mu}{K}v + \alpha\rho v^2 \tag{5.21}$$

因此气体高速渗流引起的非达西效应的影响可以考虑为额外增加的表皮系数的影响。所以在推导方程时，仍然用达西公式，计算表皮系数的时候为总的表皮系数，为常规表皮系数与高速非达西表皮系数之和。

$$v_{\mathrm{g}} = -\frac{KK_{\mathrm{rg}}}{\mu_{\mathrm{g}}}\nabla p \tag{5.22}$$

$$v_{\mathrm{w}} = -\frac{KK_{\mathrm{rw}}}{\mu_{\mathrm{w}}}\nabla p \tag{5.23}$$

（2）物质平衡方程。

$$\nabla(\rho_{\mathrm{g}}v_{\mathrm{g}}) = -\frac{\partial}{\partial t}(\rho_{\mathrm{g}}\phi_{\mathrm{g}}) \tag{5.24}$$

$$\nabla(\rho_{\mathrm{g}}v_{\mathrm{g}}) = -\frac{\partial}{\partial t}(\rho_{\mathrm{g}}\phi S_{\mathrm{g}}) \tag{5.25}$$

$$\nabla(\rho_{\mathrm{w}}v_{\mathrm{w}}) = -\frac{\partial}{\partial t}(\rho_{\mathrm{w}}\phi S_{\mathrm{w}}) \tag{5.26}$$

（3）状态方程。

$$C_{\mathrm{w}} = \rho_{\mathrm{w}}\frac{\mathrm{d}\rho_{\mathrm{w}}}{\mathrm{d}p} \tag{5.27}$$

$$\rho_{\mathrm{w}} = \rho_{\mathrm{w}0} \mathrm{e}^{C_{\mathrm{w}}(p-p_0)}$$

$\mathrm{e}^{C_{\mathrm{w}}(p-p_0)}$ 转化成一阶泰勒展开式:

$$\mathrm{e}^{C_{\mathrm{w}}(p-p_0)} = 1 + C_{\mathrm{w}}(p-p_0)$$

$$\rho_{\mathrm{w}} = \rho_{\mathrm{w}0}(1 + C_{\mathrm{w}}\Delta p) \tag{5.28}$$

对于气的情况,严格来说 C_{g} 为压力的函数。在一定范围内气体状态方程也可以用近似水的方法来表示。这一简化是为了能在后面的计算中大大简化方程,从而不使计算过于复杂,所以:

$$\rho_{\mathrm{g}} = \rho_{\mathrm{g}0}(1 + C_{\mathrm{g}}\Delta p) \tag{5.29}$$

式(5.22)和式(5.23)代入式(5.25)和式(5.26)中分别得到:

$$\nabla(\frac{\rho_{\mathrm{g}}K_{\mathrm{rg}}}{\mu_{\mathrm{g}}}\nabla p) = \frac{\phi}{K}(\rho_{\mathrm{g}}S_{\mathrm{g}}) \tag{5.30}$$

$$\nabla(\frac{\rho_{\mathrm{w}}K_{\mathrm{rw}}}{\mu_{\mathrm{w}}}\nabla p) = \frac{\phi}{K}(\rho_{\mathrm{w}}S_{\mathrm{w}}) \tag{5.31}$$

将式(5.30)和式(5.31)相加得到:

$$\nabla[(\frac{\rho_{\mathrm{g}}K_{\mathrm{rg}}}{\mu_{\mathrm{g}}} + \frac{\rho_{\mathrm{w}}K_{\mathrm{rw}}}{\mu_{\mathrm{w}}})\nabla p] = \frac{\phi}{K}\frac{\partial}{\partial t}(\rho_{\mathrm{g}}S_{\mathrm{g}} + \rho_{\mathrm{w}}S_{\mathrm{w}}) \tag{5.32}$$

这是一个比较复杂的偏微分方程。在处理这类方程的时候,通常的办法是用拟压力或者拟时间的方法使得方程简化,变成较好的线性方程。这里使用拟压力的方法对方程进行简化:

定义

$$\psi = \int_{p_0}^{p}(\frac{\rho_{\mathrm{g}}K_{\mathrm{rg}}}{\mu_{\mathrm{g}}} + \frac{\rho_{\mathrm{w}}K_{\mathrm{rw}}}{\mu_{\mathrm{w}}})\mathrm{d}p$$

$$\psi(p) - \psi(p_0) = \int_{p_0}^{p}(\frac{\rho_{\mathrm{g}}K_{\mathrm{rg}}}{\mu_{\mathrm{g}}} + \frac{\rho_{\mathrm{w}}K_{\mathrm{rw}}}{\mu_{\mathrm{w}}})\mathrm{d}p \tag{5.33}$$

将式(5.33)代入式(5.32)等号左边,得:

$$\nabla[(\frac{\rho_{\mathrm{g}}K_{\mathrm{rg}}}{\mu_{\mathrm{g}}} + \frac{\rho_{\mathrm{w}}K_{\mathrm{rw}}}{\mu_{\mathrm{w}}})\nabla p] = \nabla^2\psi \tag{5.34}$$

将式(5.28)和式(5.29)代入式(5.32)右边,得:

$$\frac{\phi}{K}\frac{\partial}{\partial t}(\rho_g S_g + \rho_w S_w) = \frac{\phi}{K}\frac{\partial}{\partial p}(\rho_g S_g + \rho_w S_w)\frac{\partial p}{\partial t}$$

$$= \frac{\phi}{K}\frac{\partial}{\partial p}[\rho_{g0}C_g S_g + \rho_g \frac{\partial S_g}{\partial p} + \rho_{w0}C_w S_w + \rho_w \frac{\partial(1-S_g)}{\partial p}]\frac{\partial p}{\partial t}$$

$$= \frac{\phi}{K}\frac{\partial}{\partial p}[\rho_{g0}C_g S_g + \rho_{w0}C_w S_w + (\rho_g - \rho_w)\frac{\partial S_g}{\partial p}]\frac{\partial p}{\partial t} \tag{5.35}$$

令

$$C_t = \rho_{g0}C_g S_g + \rho_g \frac{\partial S_g}{\partial p} + \rho_{w0}C_w S_w + \rho_w \frac{\partial(1-S_g)}{\partial p} \tag{5.36a}$$

$$\frac{\partial \psi}{\partial t} = \frac{\partial \psi}{\partial p}\frac{\partial p}{\partial t} = (\frac{\rho_g K_{rg}}{\mu_g} + \frac{\rho_w K_{rw}}{\mu_w})\frac{\partial p}{\partial t} \tag{5.36b}$$

由式（5.34）至式（5.36）得：

$$\nabla^2 \psi = \frac{\phi}{K}\frac{[C_t + (\rho_g - \rho_w)\frac{\partial S_g}{\partial p}]}{\frac{\rho_g K_{rg}}{\mu_g} + \frac{\rho_w K_{rw}}{\mu_w}}\frac{\partial \psi}{\partial t} = \frac{1}{D_n}\frac{\partial \psi}{\partial t} \tag{5.37}$$

其中

$$D_n = \frac{K}{\phi}\frac{\frac{\rho_g K_{rg}}{\mu_g} + \frac{\rho_w K_{rw}}{\mu_w}}{C_t + (\rho_g - \rho_w)\frac{\partial S_g}{\partial p}} \tag{5.38}$$

初始条件和外边界条件：

$$p(r,0) = p_i \tag{5.39}$$

$$\psi(r,0) = \psi_i \tag{5.40}$$

$$\lim_{t\to\infty}\psi(r,t) = \psi_i \tag{5.41}$$

内边界条件：

$$r\frac{\partial \psi}{\partial r} = \frac{1}{2\pi Kh}(m_i + \frac{C\rho g \frac{d\psi}{dt}}{\frac{\rho_g K_{rg}}{\mu_g} + \frac{\rho_w K_{rw}}{\mu_w}}) \tag{5.42}$$

方程无量纲化：

$$\psi_D = \frac{2\pi Kh}{m_i}[\psi(p_i) - \psi(p)] \tag{5.43}$$

$$t_D = \frac{D_n t}{r_w^2 C_D} \tag{5.44}$$

$$r_D = \frac{r}{r_w} \tag{5.45}$$

$$C_D = \frac{CD_n \rho_g}{2\pi Kh r_w^2 (\frac{\rho_g K_{rg}}{\mu_g} + \frac{\rho_w K_{rw}}{\mu_w})} \tag{5.46}$$

式（5.42）至式（5.45）代入式（5.37）至式（5.41），得到无量纲后的方程：

$$\nabla^2 \psi = \frac{1}{C_D e^{2S}} \frac{\partial \psi_D}{\partial t_D} \tag{5.47}$$

$$\psi_D(r_D, 0) = 0 \tag{5.48}$$

$$\lim_{r_D \to \infty} \psi_D(r_D, t_D) = 0 \tag{5.49}$$

$$\frac{d\psi_{wD}}{dt_D} - \frac{\partial \psi_{wD}}{\partial r_D}\bigg|_{r_D=1} = 1 \tag{5.50}$$

$$\psi_{wD} = \psi_D(1, t_D) \tag{5.51}$$

5.3.3　渗流方程求解

求解式（5.47）所示的数学理论模型的通常解法有分离变量法、傅里叶变换、格林函数法、Laplace 变换、褶积、反褶积等方法。但最常用和最有效的方法是 Laplace 变换及数值反演。

5.3.3.1　Laplace 变换

函数 $f(t)$ 的 Laplace 变换定义为：

$$L[f(t)] = \overset{v}{f}(s) = \int_0^\infty f(s)\mathrm{e}^{-st}\,\mathrm{d}t \tag{5.52}$$

其中 $s=r+iw$ 是复数，称为 Laplace 变换变量。$f(s)$ 称为函数 $f(t)$ 的变换函数或象函数。

5.3.3.2　Stehfest 数值反演

Laplace 变换的解析反演主要有两种方法：利用 Laplace 变换表进行反演、利用围道积分求原函数。其中利用已有变换表进行解析反演只能使用某些特定的函数，具有很大的局限性。另一种围道积分进行反演则相当麻烦。当在实际工程计算中遇到非常复杂的变换函数或象函数时，用上述解析反演方法就很难求得其原函数，或者其结果仍是一个无穷积分，不便于计算机处理。Smhfem 在 1970 年发表的题为"Laplace 变换的数值反演"一文中给出了 Laplace 变换数值反演的一个计算公式。根据 Gaver 所考虑的函数 $f(t)$ 对于概率密度 $f_n(a, t)$ 的期望，其中 $f_n(a, t)$ 为：

$$f_n(a,t) = a\frac{(2n)}{n!(n-1)!}(1-\mathrm{e}^{-at})ne^{-nat} \ , \ (a > 0) \tag{5.53}$$

提出如下反演公式：

$$f(t) = \frac{\ln 2}{t}\sum_{i=1}^{N}V_i\overset{v}{f}(s_i) \tag{5.54}$$

其中函数 $f(t)$ 基于 t 的 Laplace 的象函数 $\overset{v}{f}(s)$，N 是偶数。

$$s_i = \frac{\ln 2}{t}i$$

$$V_i = (-1)^{\frac{N}{2}+i}\sum_{k=\frac{i+1}{2}}^{\min(i,\frac{N}{2})}\frac{k^{\frac{N}{2}+1}(2k)!}{(\frac{N}{2}-k)!(k!)^2(i-k)!(2k-i)!} \tag{5.55}$$

利用式（5.54）给定一个时间 t 值和 i 值，就可以算出一个 S_i 和 V_i 值，从而由象函数 $\overset{v}{f}(s_i)$ 算出原函数 $f(t)$ 的数值结果。

式中 N 必须是偶数，而 N 值的选择比较重要，它对计算的精度有很大的影响。要针对不同类型的函数在计算实践过程中加以确定。在多数情况下取 $N=8$，10，12 是适合的。若取 $N>16$ 会降低计算精度。

由于 Stehfest 反演方法对 N 值限制较窄，虽然对某些变化平缓的函数计算简便快捷，但对于变化较陡的函数会引起数值弥散和振荡。为此有些作者试图在 Stehfest 原有的基础上加少量修正，使 N 的取值范围增大。如 Azariotal 和 Woodenetal 修正用于油气藏的压力分析。他们提出的公式如下：

$$f(t) = \frac{\ln 2}{t} \sum_{i=1}^{N} V_1 \overset{v}{f}(\frac{\ln 2}{t} i) \tag{5.56}$$

此式与式（5.53）形式相同，但其中修改 V_i 为：

$$V_i = (-1)^{\frac{N}{2}+i} \sum_{k=\frac{i+1}{2}}^{\min(i,\frac{N}{2})} \frac{k^{\frac{N}{2}}(2k+1)!}{(\frac{N}{2}-k+1)!(k+1!)^2(i-k+1)!(2k-i+1)!} \tag{5.57}$$

其中 N 仍为偶数，但 N 的取值在 10～30，在多数情况下取 N=18，20，22 是比较合适的。作上述修正后，在物理空间解变陡的位置处其数值弥散和振荡有所改善。

5.3.4　模型的数值解法

对于数值试井模拟与油藏数值模拟，无论采用的是黑油模型、组分模型或是热采模型，都要对一组偏微分方程进行求解。通常是将这样的偏微分方程用差分的方法近似，对于某个网格上的未知值，用与其相邻的几个网格值差值，并形成矩阵方程。

油藏流动方程的离散有多种方法，如有限差分方法、有限元方法以及有限体积法等。有限差分方法（FDM）是数值模拟最早采用的方法，是发展较早且比较成熟的数值方法，今天依然在被广泛应用。有限差分方法以 Taylor 展开等方法，将控制方程中的导数用网格节点上的函数值的差商代替进行离散，从而建立以网格节点上的值为未知数的代数方程组。针对这种离散方法，人们发展了多种构造差分格式的方法，并通过对时间和空间这几种不同差分格式的组合，组合成了很多不同的差分计算格式，高精度的差分格式一直是计算流体力学里重要研究内容。

有限元方法（FEM）也是最常用的离散方法之一，最初主要用于固体计算力学里，随着计算机的发展逐渐用于计算流体力学，其基础是变分原理和加权余量法，其基本求解思想是把计算域划分为有限个互不重叠的单元，在每个单元内选择一些合适的节点作为求解函数的插值点，确定单元基函数，将微分方程改写成由各变量或节点处导数值与所选用的插值函数组成的线性表达式，借助于变分原理或加权余量法，将微分方程离散求解。有限元插值函数分为两大类：一类只要求插值多项式本身在插值点取已知值，成为拉格朗日（Lagrange）多项式插值；另一类不仅要求插值多项式本身在插值点取已知值，还要求它的导数值在插值点取已知值，成为哈密特（Hermite）多项式插值。

最近几年，随着非结构性网格方法的研究进展，越来越多的数值模拟工作是基于有限体积法（FVM）进行的。有限体积法更易于非结构网格的处理，其物理意义也更易于理解，其离散方程的物理意义，就是因变量在有限大小的控制体积中的守恒原理，即控制体积内的质量累积等于从边界流入的流量加上区域内源汇的产量，有限体积法也叫控制体积法（CVM），基本原理是将求解区域划分为一系列不重叠的控制体积元，区域内的每个节点周围都有自己的一个控制体积，与别的网格相邻；将待求解的微分方程对每个体积元分别积分，得出一系列的离散方程。通过有限体积法得出的离散方程，因变量的积分守恒对任意一组控制体积都能得到满足，对整个计算区域，自然也得到满足。积分守恒性是有限体积法的优势所在，区别于有限差分法，有限体积法离散对粗网格也能满足积分守恒性，而有限差分法需要网格足够密才可以满足守恒性。可以说，有限体积法是介于有限差分和有限元之间的一种离散方法，对于节点间的流动，有限体积法用有限差分的方法计算流动系数；而有限体积法在处理控制体积内的积分时，又要采用有限元的思想假定变量值在控制内的分布。得出积分形式的离散方程后，便可以不再考虑控制体内的流动及变量值分布。

通过有限体积法离散得到的矩阵方程组通常是不规则的大规模稀疏矩阵，求解矩阵方程组通常有两种方法：一种是直接求解法，另一种是迭代求解法。直接求解法包括了高斯消去法、改进的高斯—约旦消去法（Gauss–Jordan），和适合求解三对角矩阵的 Thomas 算法，以及这些求解法的改进算法，如稀疏矩阵法、主元素法、多一直向量法等。最常用的采用直接求解法的求解器是 LAPACK 软件包里的全矩阵求解器和带状矩阵求解器，然而直接求解法和这些求解器只适用于规模小的矩阵求解，对于数值试井问题，要求解得变量多，矩阵规模大。需要采用迭代求解法。迭代求解法是数值试井领域应用越来越广泛的方法，也是在不断发展的方法。最初的迭代求解法有 Jacobi迭代、Gauss–Seidel 迭代，而后出现了逐次超松弛方法（SOR）（包括点逐次超松弛迭代方法——PSOR、线逐次超松弛方法——LSOR、块逐次超松弛迭代方法——BSOR）以及迭代的交替方向隐式法（ADIP）和共轭梯度法（CG）等矩阵方程组求解方法。在共轭梯度法的基础上又发展了广义共轭梯度类方法（CGL），常用的广义 CGL 类算法成为最小余量法，其中常用的求解算法有正交极小化方法（Orthomin）、广义极小余量算法（GMRES）、广义正交余量法（GCR）等。其中 Orthomin 迭代方法和 GMRES 迭代方法是目前数值试井领域中用于求解大型不规则稀疏矩阵最为高效的两种算法。最常用的迭代法矩阵求解器有 GMRES 系列求解器和 BiCGstab 求解器。

迭代法求解矩阵的矩阵求解器性能和收敛速度主要取决于矩阵本身的性质，为了更好地发挥这种矩阵求解器的作用，相应的矩阵预处理方法也是层出不穷，一个好的预处理算子（preconditioner）可以极大加快迭代收敛速度和求解器稳定性。常用的预处理方法有对角预处理、不完全 LU 分解（ILU）、修正不完全 LU 分解（MILU）、松弛不完全 LU 分解、代数多重网格法（AMG）等。

5.4　数值试井网格划分方法

5.4.1　网格概述

网格划分是数值试井中非常重要的一项工作，网格是数值模拟的基础之一，网格划分的好坏将直接影响计算的精度，甚至影响试井模拟的成败。

早期的数值试井的网格划分一直采用差分网格，大多情况下它都能取得很好的效果。但对于地质条件较复杂的油藏，笛卡尔网格很不灵活，主要表现在：不能精确地描述油藏的边界形状，如断层、尖灭；对油藏进行划分，不能保证每个网格都有效（部分网格可能没有油层，即死节点）。对区域较大、井数较多的油藏，油井不会都位于网格中心；虽然可以采用局部加密的方法，但在粗细网格交界处导致新的误差；对水平井或斜井，笛卡尔网格很难与井的方向保持一致；笛卡尔网格存在严重的网格取向效应。

为了真实地描述油藏并提高试井数值模拟的精度，人们开始采用非结构网格进行油藏模拟。这些非结构网格包括了非正交角点网格、曲线网格、PEBI 网格、中点网格、径向网格和混合网格等。

非正交角点网格（corner geometry grid）能灵活地描述油藏边界、流动类型、水平井、断层和易于在标准差分油藏模拟器中实现等，但它仅在考虑交叉导数项时是正确的。研究表明：扭曲角点网格上的五点格式的结果是错误的。

无论采用何种格式，角点网格存在的缺陷有：对复杂油藏，网格构造费时；当井边网格块大小是井筒直径的几个量级时，井边精度差；网格模型不灵活。因而，角点网格不能有效解决笛卡尔网格面临的问题。

曲线网格（curvilinear grid）虽然比长方形网格更有效，可减少取向效应，易于在差分油藏模拟器中实现等，但仍存在很多缺陷，即仅限于不可压缩流或可压稳态流及二维问题；虽可描述断层等，但该网格对复杂油藏构造能力仍有限；网格的密疏不能反映时间需求；曲线网格往往比长方形网格有更多的网格块。因而，曲线网格同样不能有效解决笛卡尔网格面临的问题。

PEBI 网格（perpendicular bisection）是局部正交网格。任意两个相邻网格块的交界面一定垂直平分相应网格节点的连线。1989 年，Heinemann 等首次将 PEBI 网格应用到油藏模拟中。研究表明 PEBI 网格具有如下优点：比结构网格灵活，可很好地模拟真实油藏地质边界；渗透率是张量而不是矢量，可以解决渗透率各向异性问题；近井处可以局部加密并且粗细网格过渡较为平滑，PEBI 网格适合于计算近井径向流；可以通过窗口技术，有效地将水平井与笛卡尔网格或 PEBI 网格衔接，实现任意方向水平井的数值模拟；PEBI 网格取向效应比笛卡尔网格五点差分格式要小；易于构造断层；满足有限差分方法对网格正交性要求，使最终得到的差分方程与笛卡尔网格有限差分法相似；可利用现有的有限差分数值模拟软件。

中点网格（median grid）基于的三角化与一般的 PEBI 网格相同。与 PEBI 网格的不同点是：中点网格是由三角形各边中点和重心相互连接而组成的。对于各向异性油藏，这种网格更适用。因为它允许渗透率张量形式，同时，网格取向效应会降低。

径向网格（radial grid）是柱坐标系下的网格。在油藏模拟中，径向网格主要用于井眼附近，考虑到油藏存在各向异性和非均质性，将径向上的圆环进一步划分成多个部分，其优点为：可以较为精确地反映井眼附近的流动特征；可以以较小的网格数目得到较高的模拟精度。显然它只适用于圆形边界的油藏模拟，不适用于任意边界的油藏模拟。因而，近井区域采用径向网格，可以在充分把握油井附近流动状态的同时实现网格体积由小到大的快速变化。

由于单一的规则网格，同单一非规则网格一样不能胜任真实油藏的数值模拟，因而基于结构网格和非结构网格的混合网格得到了重视，并进行了研究。研究表明：混合网格不仅更为准确，而且效率更高。混合网格技术是在油田模拟区域的不同区块上结合流体的不同流动特征使用不同的网格系统和坐标体系。如在井眼附近采用径向网格，远离井眼的区域采用规则网格，它不仅可以较为准确地反映井眼附近的流动特征，而且可以较小的网格数目得到较高的模拟精度。又如 Gunasekera 等（1997）研究了组合三角形和四面体网格，并发现此组合网格非常灵活，可用与油藏模拟；同时，也研究了组合径向和 PEBI 网格，发现此组合网格最为精确。Melichar 等对比研究了 PEBI 网格与曲线网格（curvilinear grid），发现 PEBI 网格与笛卡尔网格的混合网格优于曲线网格，且更加易于描述复杂网格的油藏。同时，研究了如何在传统的模拟器上实现基于 PEBI 网格模拟计算；Sinha（2005）研究了 PEBI 网格与径向网格的混合网格优于曲线网格，且更加易于描述复杂网格的油藏。Palagi（1991）将混合 PEBI 网格与角点网格（corner grid）进行了比较，说明了 PEBI 网格在计算时间、模拟精度等方面的优点。

目前，国内也展开了网格相关研究。其中，刘立明（2003）研究了组合径向网格和 PEBI 网格，并用两个三维、多相数值试井计算实例验证了混合网格的有效性；廖新维等（2003）研究了基于组合径向网格和 PEBI 网格的三维两相流数值试井。

混合网格通常是以下若干种情况的组合：油井区域的径向网格、断层的 PEBI 网格、油藏区域的长方形与正方形网格、油藏区域的中点网格（控制体元网格）、边界的 PEBI 网格、水平井的 PEBI 网格等；混合网格实现了多种坐标体系的结合，既能够较为准确地反映井眼周围流体流动特征、很好地描述断层裂缝等地质特征，又能大大地减小网格数目、克服通常单一网格在模拟过程中的不足，在油藏模拟中得到了普遍的重视与广泛的应用。

5.4.2　PEBI 网格生成技术

5.4.2.1　PEBI 网格原理

PEBI 网格又叫 Voronoi 网格，是一种局部正交网格，即任意两个相邻网格块的交界面一定垂直平分相应网格节点的连线。

PEBI 网格是 Voronoi 三角剖分网格的对偶网格，如图 5.1 所示。通过控制三角剖分时点的分布，可以对全区域划分局部加密、局部稀疏的非结构 PEBI 网格，如图 5.2 所示。

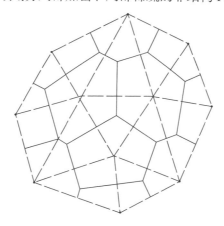

图 5.1　Delaunay 三角剖分与 Voronoi 对偶网格

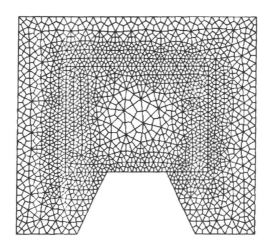

图 5.2　全区域 PEBI 网格与 Delaunay 三角剖分网格

三角网格的剖分方法有多种，Delaunay 剖分的定义是：

给定平面上的点集 $P=\{P_{i,}\ i=1,\ 2,\ \cdots,\ n\}$，对每一个 $P_i \in P$，定义一个区域 V_i，对任意点 $S \in V_i$，有不等式 $d(S, P_i) < d(S, P_j)$，$(j=i=1,\ 2,\ \cdots,\ n,\ i \neq j)$ 成立，则称 $V_p = \bigcup\limits_{i=1}^{} V_i$ 为点集 P 的 Voronoi 图，其中 $d(A, B)$ 表示 A 与 B 之间的距离。

Delaunay 三角剖分图具有如下性质：

（1）空外接圆性质。任何一个三角形的外接圆均不包含其他网格点。

（2）最小内角最大性质。在所有可能形成的三角剖分中，Delaunay 三角剖分中三角形的最小内角之和是最大的。

这两个特性保证了 Delaunay 三角剖分能够尽可能地避免生成小内角的长薄单元，使三角形能够最接近等角或等边，这也是 Delaunay 三角剖分的算法依据。

5.4.2.2　PEBI 网格生成步骤

Voronoi 网格生成算法步骤为：

（1）对于每个模块（基本模块、井模块……），进行布点。

（2）进行干扰判断。

（3）进行 Delaunay 三角剖分。

（4）生成 Voronoi 网格。

由于 PEBI 网格的不规则性，导致网格块的相邻信息非常复杂，增加了网格存储和计算的负担，因而经常不适合在整个区域划分很细的 PEBI 网格。只是在局部加密网格，在其他区域采用粗网格，从而减少网格总数是必要的。

最常用于数值试井模拟的网格是混合 PEBI 网格，包括了笛卡尔网格（图 5.3）和径向网格（图 5.4）等。径向网格用于近井区域的网格划分，笛卡尔网格（又称块状网格）用于裂缝、断层等区域的网格划分。在断层与断层交点附近还需采用角块模块，如图 5.5 所示。

典型的包括了块状模块和径向网格的混合网格如图 5.6 所示。

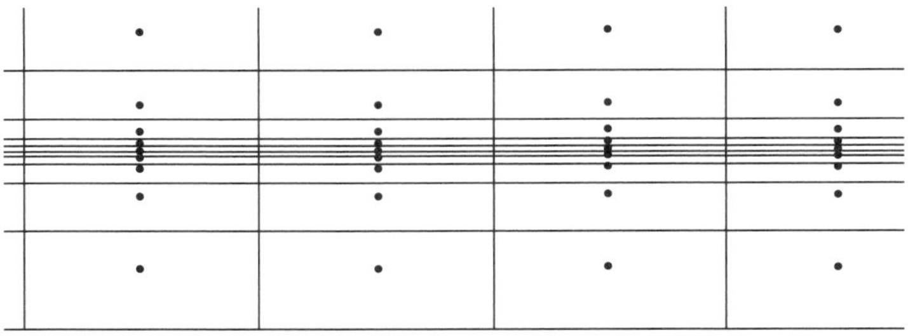

图 5.3　笛卡尔网格

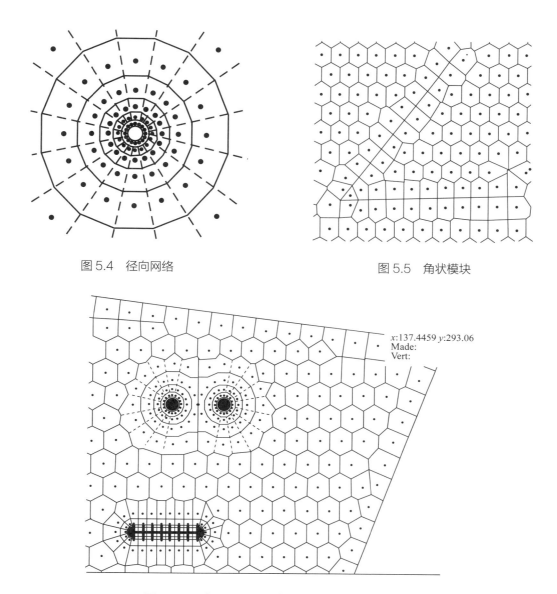

图 5.4 径向网络   图 5.5 角状模块

图 5.6 混合 PEBI 网格（包括两口直井和一口水平井）

混合 PEBI 网格实现了多种坐标体系的结合，能根据渗流流动特性调整网格分布，较为准确地反映井周围径向流动特征，很好地描述断层裂缝等地层地质属性，因而在减少网格数目的同时，克服了单一网格在试井数值模拟过程中的不足，在试井问题中被广泛应用。本文进行的数值试井模拟即是基于混合 PEBI 网格。

5.4.2.3 PEBI 网格的数据格式

PEBI 网格要用于数值模拟，需要在生成时输入数值模拟相关的各种参数，生成网格后，将网格以一定的数据格式传递给数值模拟程序，因此需要规范输入输出参数。

（1）输入参数。

一个网格的生成质量在很大程度上取决于输入参数的合理性；同时，为了方便使用，需要规定输入参数的格式。

①网格基本信息。包括网格类型、布点角度、参考网格的尺寸。

②模拟区域外边界。包括各网格区域边界线段的顶点坐标、各边界的类型和边界值。

③井数目及井参数。不同类型井有不同参数，包括井类型、井位置、井筒半径、井筒网格划分数目、径向网格层数、网格半径增大比例。与流动和计算相关的参数还有井储、表皮、计算类型等。

④断层数目及信息。断层的信息包括断层起始点坐标、断层类型和值。

⑤地层参数。模拟的油藏区域被虚拟地划分为很多区域，不同的区域具有不同的渗率、孔隙度及地层压缩系数，每个网格单元都有标志表明它所属的区域，从而使计算程序能读入以上参数。

⑥网格层数及层厚度。

（2）输出信息。

区别于结构网格，混合 PEBI 网格结构非常复杂，网格的编号不能简单地根据其笛卡尔坐标分配，因此需要输出很多信息。

①输出网格数目、各网格编号及组成该网格的边编号、网格中心结点坐标。

②输出边数目、边类型、各边两端点和位于该边两边的网格中心节点编号。边类型是指边是否位于边界、井周围径向网格或是断层等的信息。

③输出区域内分布的网格边端点（Nodes）。

④输出井信息、区域信息、断层信息、裂缝信息。

⑤层间流动信息、层间边界类型。

5.5　数值试井前后处理

数值试井模拟是一项很杂的工作，除了建立离散方程并对其求解，还需要做很多前后处理。合适的前后处理是非常必要的，大多数工程软件都有自己的前后处理软件，如 FLUENT 的前处理网格划分软件 GAMBIT。

数值试井问题中，为了对一个试井模型进行研究，需要在模拟前处理很多数据，包括油层数据、网格数据、边界条件、井筒数据等。油层的数据包括顶面深度、油层厚度、孔隙度、初始压力、渗透率等；岩石和流体性质包括，如油气 PVT 数据表、水及岩石 PVT 数据、油水相对渗透率曲线，考虑毛细管力的问题还需读入毛细管力压力曲线。井筒流动数据包括井底流压、产量、表皮、井储等。网格数据包括网格的尺寸、网格的相邻情况、各网格单元的流体和地层属性等。这些数据都需要在程序开始前读入相应的初值，其中一些数据在模拟过程中不断变化，实时更新。

数据的后处理包括井底压力和井底压力导数的输出，绘制典型曲线图，以及等层压力分布等。

5.6　数值试井应用实例

根据前文建立的气藏渗流模型，利用 PEBI 网格进行求解，根据克拉 2 气田的具体情况，利用机理模型对克拉气田边水推进，存在断层以及邻井干扰等现象对试井典型曲线的影响特征进行分析，最后建立了克拉 2 气田全气藏数值试井模型，并对克拉 2 气田单井参数进行解释。

5.6.1　不同影响因素对试井典型曲线的影响

5.6.1.1　边水推进对试井典型曲线的影响

利用数值试井的手段建立均值气藏的数值试井地质模型（图 5.7），在模型的边界添加一个水体，改变水体与井的距离从而研究边水推进对生产动态的影响（图 5.8）。

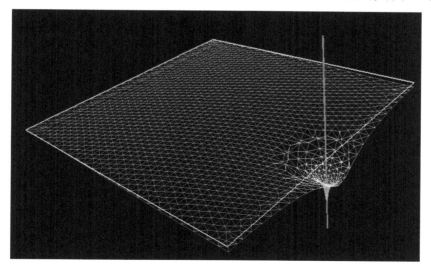

图 5.7　边水影响气藏地质模型

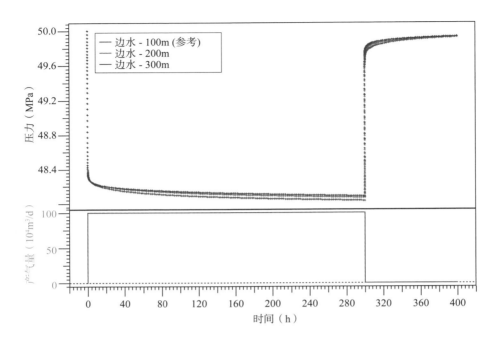

图 5.8　不同边水距离对生产动态的影响

从图 5.8 可以看出，在产气量相同且生产时间相同的情况下，边水距离越近，气藏压力下降幅度越低，速度越慢，压力恢复速度越快。根据压力恢复段压力恢复历史绘制压力半对数曲线以及压力和压力导数双对数曲线，如图 5.9 和图 5.10 所示。

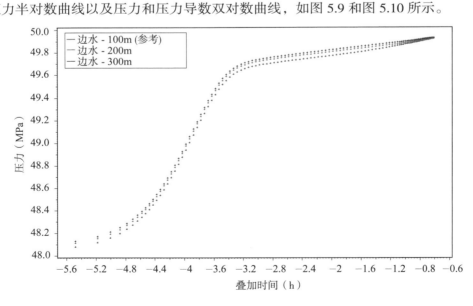

图 5.9　压力半对数曲线

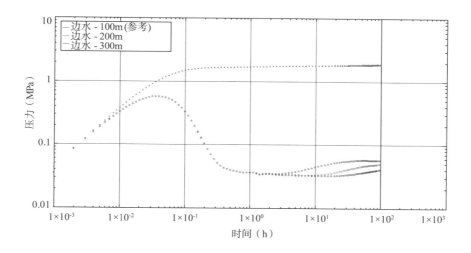

图 5.10   压力和压力导数双对数曲线

从双对数典型曲线可以看出，随着边水的推进典型曲线偏离径向流段的时间越早，曲线后期上翘的程度与水侵区域物性相关。水侵程度越严重，气相渗透率越低，从而上翘程度越高。

5.6.1.2   断层对试井典型曲线的影响

建立无限大地层气藏中部的一口井的数值试井地质模型（图 5.11），在模型中井附近添加一条断层，改变断层与井的距离从而研究不同距离的断层对单井生产动态的影响（图 5.12）。

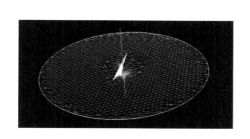

图 5.11   断层影响井的地质质模型图

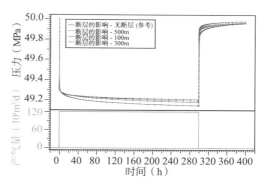

5.12   断层影响井的生产历史

断层的距离分别距离井 100m、300m 和 500m，有断层存在时，压力恢复测试时，断层离井越近，压力恢复程度越低（图 5.13）。同时，在双对数曲线上（图 5.14），可以看出断层距离井底越近，双对数曲线越早偏离径向流段，但是最终会趋于定值，达到全气藏的径向流。

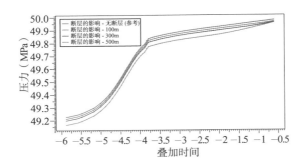

图 5.13　断层影响井双对数曲线特征图

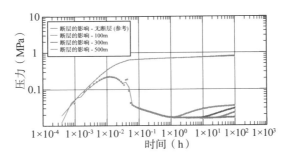

图 5.14　断层影响井半对数曲线特征图

5.6.1.3　邻井干扰的试井典型曲线特征

克拉 2 气田进行压力恢复试井时，测试井邻井仍然生产，或者邻井同时关井进行井组测试，所以非常有必要分析邻井干扰对试井典型曲线的影响。

基于这个目的，建立了一口井关井测试，同时测试井附近有一口生产井在生产的数值试井地质模型。首先分析了井距对测试井典型曲线的影响。地质模型如图 5.15 所示。

从图 5.16 可以看出，在干扰井产量相同的情况下，距离测试井越近，对测试井的生产动态影响越大。压力下降越快，压力恢复程度越低。

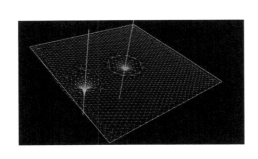

图 5.15　邻井干扰井数值试井地质模型图

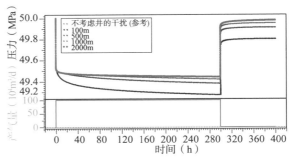

5.16　不同井距邻井干扰下测试井生产历史

从双对数曲线特征图（图5.17），由于邻井的干扰，在双对数曲线达到径向流特征段后，曲线后期下掉，因此，在有井间干扰的情况下，通过试井解释的边界需要谨慎处理。必须结合当前的地质情况以及生产动态综合分析。

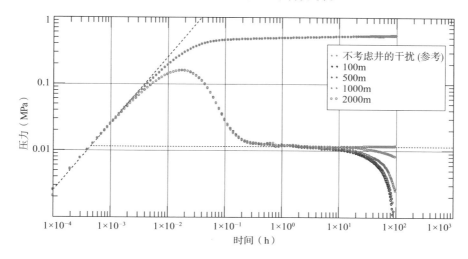

图5.17 不同井距邻井干扰下双对数曲线特征图

当干扰井与测试井井距一定时，对干扰井以不同产量生产的情况下，测试井表现出来的生产动态特征以及试井典型曲线特征进行了研究。测试井生产及测试历史如图5.18所示，压力恢复双对数典型曲线如图5.19所示。

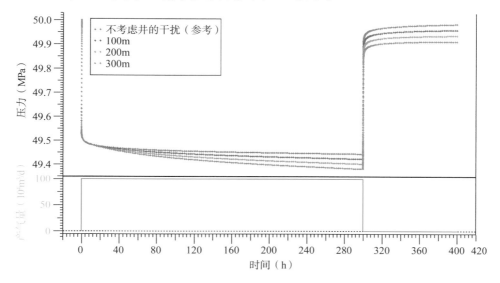

图5.18 邻井不同产量干扰下干扰下测试井的生产历史

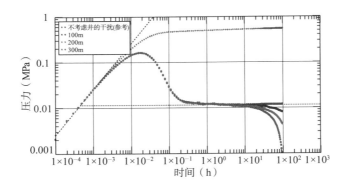

图 5.19　邻井不同产量干扰下干扰下双对数典型曲线特征

从图 5.18 和图 5.19 可以看出，干扰井的产量越高，对测试井的干扰程度越大，在生产历史曲线上可以看出，干扰井产量越高，测试井的压力下降越快，同时压力恢复程度越低。在双对数典型曲线中可以看出，随着干扰井产量的增大，双对数典型曲线在径向流段后期下降的幅度越大，但是结束径向流的时间不变，径向流的结束时间只与干扰井与测试井的井距有关。

为了获得正确的储层参数，减少井间干扰对试井典型曲线的影响，克拉 2 气田进行了大量的井组关井的测试。因此，非常有必要研究不同邻井关井时间对压力恢复曲线的影响进行分析和研究。在先前建立的地质模型基础上，改变干扰井关井以及生产的时间，分析测试井的生产动态以及压力恢复典型曲线特征。

测试井在干扰井不同关井时间影响下，生产历史以及典型曲线所表现的特征也不相同，如图 5.20 所示，干扰井的关井时间越早，对测试井的影响越小；在图 5.21 的双对数曲线上可以看出，干扰井关井越早，曲线偏离径向流的距离越小，对测试井的干扰越小。同时，关井时，对测试井双对数典型曲线特征影响最大，使得典型曲线表现出断层特征，上翘幅度最大。

综上所述，由于井间干扰的存在，在压力导数曲线上表现出来的特征很容易与边界反映混淆，因此需要在井组关井测试时，选择合理的井组关井时机，从而使得解释结果更加符合实际。

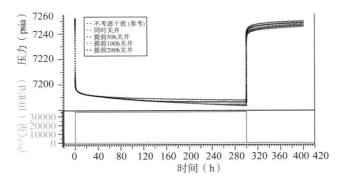

图 5.20　邻井干扰不同关井时间测试井的生产历史

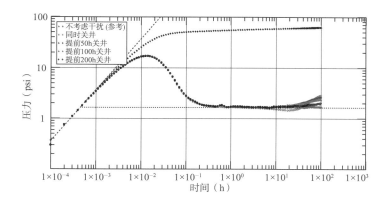

图 5.21　邻井干扰不同关井时间干扰下测试井双对数典型曲线特征

5.6.2　克拉 2 气田数值试井解释

常规网格以及角点网格存在以下两个问题：

（1）全局正交笛卡尔网格系统，在描述油藏非均质性和复杂形边界时误差较大，而且在一些条件下存在严重的网格效应。

（2）角点网格属于非正交性网格，在模拟中计算传导率时非常复杂，而且当断层分布规律性不强时生成的网格质量很差。

本次研究选择使用前文所述的 PEBI 网格，PEBI 网格是一种垂直平分网格，主要特点是灵活而且正交。PEBI 网格体系为建立混合网格和局部加密网格带来方便。

建立数值网格的步骤总体上分为三步：

（1）确定数值试井的区域，从复杂气藏的构造图中划分数值试井模拟区域。

（2）生成 Delaunay 三角形网格，然后在三角形网格中加入井位和断层。

（3）在三角形网格的基础上生成 PEBI 网格。

如图 5.22 至图 5.24 所示。

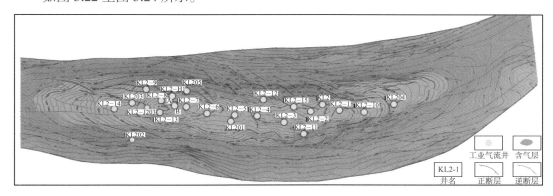

图 5.22　克拉 2 气田构造图

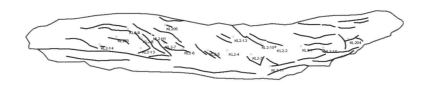

图 5.23　克拉 2 气田数值试井模拟区域

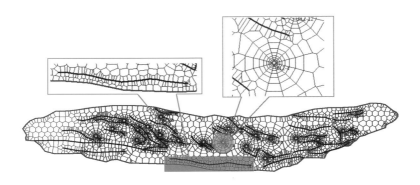

图 5.24　克拉 2 气田数值试井 FEBI 网格

　　网格建立后，根据需要将区域构造、有效厚度及孔隙度等静态数据和相渗及高压物性参数等岩石和流体数据加入到模型中建立数值试井所需的数值试井模型模型（图 5.25 和图 5.26）；再采用各井生产史建立井模型；在此基础上进行实测压力曲线和生产历史的拟合，获得各井以及全气藏的压力分布及其储层参数（图 5.27），由于数值试井技术充分考虑了开发井网、任意边界、非均质油藏以及油水井生产历史等因素，因此其所建模型更加符合油藏实际，动静态分析及油藏工程方法综合应用的过程，其解释结果更具有可靠性。

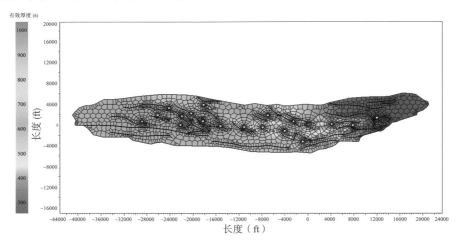

图 5.25　克拉 2 气田数值试井 FEBI 网格有效厚度分布图

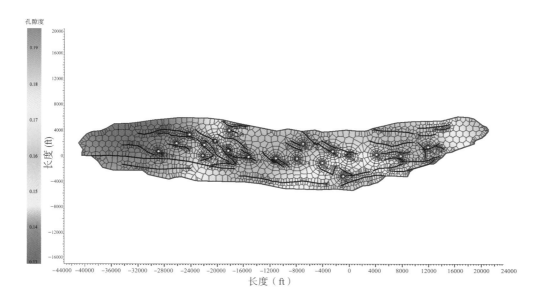

图 5.26　克拉 2 气田数值试井 FEBI 网格孔隙度分布图

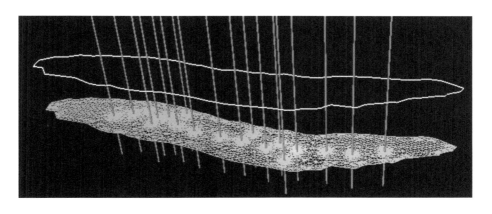

图 5.27　克拉 2 气田数值试井井位及压力分布图

5.7　异常高压气田压力恢复试井资料解释实例

5.7.1　克拉 2 气田试井解释结果

利用以上解析模型及数值模型对克拉 2 气田各井历年测试资料进行解释，解释结果见表 5.1。

表 5.1 克拉 2 气田历年试井解释模型及结果

井号	测试时间	解释模型	井储系数 C (m³/MPa)	表皮系数 S	渗透率 K (mD)	地层系数 Kh (mD·m)	平均压力 p_AVG (MPa)
KL2-1	2009.9	部分打开+均质无限大地层	0.783	13	76.1	22107	58.67
	2010.9	部分打开+均质无限大地层	1.59	12.9	78.6	22800	54.87
	2011.5	部分打开+径向复合	2.17	10.56	74.3	21600	54.70
	2012.8	部分打开+径向复合	1.4	12.9	76	22100	52.24
	2013.6	部分打开+径向复合	3	10.7	72	20900	50.33
KL2-2	2010.9	部分打开+均质无限大地层	1.09	13.4	82.1	22100	55.48
	2012.4	部分打开+均质无限大地层	11	3.15	85.6	23100	52.53
KL2-3	2009.8	部分打开+均质无限大地层	2.2	8.92	57.6	17900	58.73
	2010.9	部分打开+均质无限大地层	3.48	4.32	57.9	18000	55.64
	2011.9	部分打开+均质无限大地层	7.54	2.96	58.9	18300	53.68
KL2-4	2009.8	部分打开+均质无限大地层	0.589	5.15	61.5	15800	58.48
	2010.9	部分打开+均质无限大地层	0.54	5.26	61.7	15800	55.48
	2011.9	部分打开+均质无限大地层	0.455	5.2	61.3	15700	53.43
	2012.5	部分打开+均质无限大地层	0.875	5.12	61.7	15800	52.24
KL2-5	2009.8	部分打开+均质无限大地层	0.992	8.51	56.5	13200	58.52
	2011.7	部分打开+均质无限大地层	0.366	6.63	53.6	12600	53.97
	2012.9	部分打开+均质无限大地层	0.245	8.65	55.7	13100	51.88
	2013.9	部分打开+均质无限大地层	1.13	8.81	57.9	13600	49.59
KL2-6	2011.5	部分打开+均质+夹角断层	2.8	5.37	58.8	14500	54.35
	2012.9	部分打开+均质+夹角断层	4	5.76	54.5	13500	51.90
KL2-7	2011.9	部分打开+均质+平行断层	2.79	9.35	94.9	25000	54.68
KL2-8	2010.4	部分打开+均质无限大地层	0.424	8.24	83	22500	56.12
	2011.5	部分打开+均质+平行断层	2.81	7.76	84.8	23000	55.40
	2011.9	部分打开+均质+平行断层	0.37	5.38	82.2	22300	54.69
	2012.9	部分打开+均质+平行断层	5.08	6.95	86.7	23500	52.40
KL2-9	2009.8	部分打开+均质无限大地层	0.134	11	9.05	1970	58.57
	2013.8	部分打开+均质无限大地层	0.933	6.62	11	2400	49.53
KL2-10	2010.9	部分打开+均质无限大地层	0.22	6.15	48.1	10600	55.77
	2011.9	部分打开+均质无限大地层	0.464	8.73	45.4	9980	54.03
	2012.3	部分打开+均质无限大地层	0.47	8.79	45.4	9990	52.89
	2012.9	部分打开+均质无限大地层	1.33	8.32	45.9	10100	52.12
	2013.7	部分打开+均质无限大地层	2.24	6.66	45.5	10000	50.16

续表

井号	测试时间	解释模型	井储系数 C (m³/MPa)	表皮系数 S	渗透率 K (mD)	地层系数 Kh (mD·m)	平均压力 p_{AVG} (MPa)
KL2-11	2009.8	部分打开+均质无限大地层+底部水驱	0.712	1.5	46.2	9690	58.92
	2010.9	部分打开+均质无限大地层+底部水驱	0.343	1.8	45.2	9500	55.71
	2011.9	部分打开+均质无限大地层+底部水驱	1.21	2.42	47.7	10000	53.88
	2013.8	部分打开+均质无限大地层+底部水驱	2.35	1.39	46.3	9720	49.95
KL2-12	2009.8	部分打开+均质无限大地层+底部水驱	0.293	32.1	31.4	5700	58.96
	2010.9	部分打开+均质无限大地层	0.18	91	35	6350	55.76
	2011.5	部分打开+均质无限大地层	0.207	159	24.4	4420	54.48
	2012.9	部分打开+均质无限大地层+底部水驱	0.239	151	13.7	2490	52.04
	2013.7	部分打开+均质无限大地层+底部水驱	0.151	170	8.2	1490	49.98
KL2-13	2009.9	部分打开+均质无限大地层	0.362	15.1	58	16400	58.40
	2010.4	部分打开+均质无限大地层	1.7	37.1	33.9	6780	56.88
	2011.9	部分打开+均质无限大地层	0.131	57.6	8.33	1670	54.55
	2012.8	部分打开+均质无限大地层	0.169	76.3	3.16	631	52.43
KL2-14	2009.8	部分打开+均质无限大地层+底部水驱	0.412	195	11.2	2250	58.31
	2010.4	部分打开+均质无限大地层	0.473	233	7.04	1410	56.56
	2012.8	部分打开+均质无限大地层	0.342	563	4.66	936	52.43
KL2-15	2012.8	部分打开+均质无限大地层	1.04	8.88	32.9	3840	52.03
KL203	2009.8	部分打开+均质无限大地层	0.18	159	19.6	3410	58.37
	2010.4	部分打开+均质无限大地层	0.142	302	4.98	863	56.85
	2012.8	部分打开+均质无限大地层	0.21	541	34.7	2790	51.64
KL205	2009.8	部分打开+均质无限大地层	0.222	1.62	5.4	1140	58.70
	2010.4	部分打开+均质无限大地层	0.146	2.93	5.6	1180	56.43
	2011.5	部分打开+均质无限大地层	0.574	3.63	6.38	1350	53.86
	2012.8	部分打开+均质无限大地层	0.189	5.93	5.74	1210	51.40
	2013.9	部分打开+均质无限大地层	0.205	1.47	6.79	1440	49.13

5.7.2 克拉 2 气田储层物性变化规律

利用克拉 2 气田历年试井解释结果绘制克拉 2 气田试井解释渗透率历年分布图（图 5.28 和图 5.29），从图中可以看出，与生产初期相比目前渗透率在东西两侧由于水侵的影响有所下降。

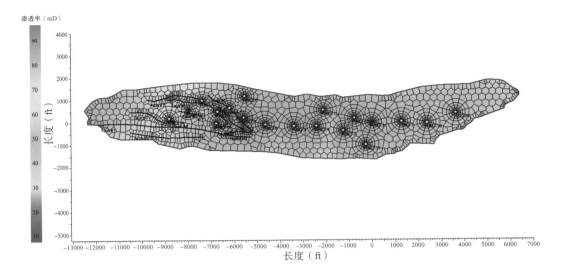

图 5.28　克拉 2 气田渗透率初期分布图

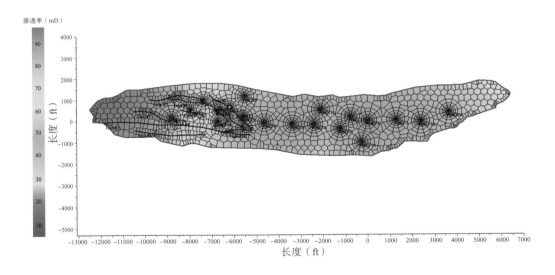

图 5.29　克拉 2 气田渗透率目前分布图

　　从图 5.30 和图 5.31 可以看出未见水井总体物性变化不大，每次测试渗透率变化小于 5%，表明应力敏感不强。已见水井由于水侵，有效渗透率下降幅度大，下降幅度58% ~ 94%，平均 76.02%。

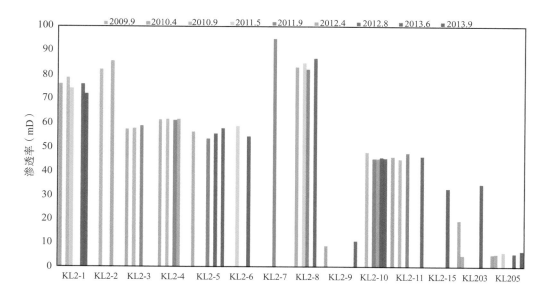

图 5.30　克拉 2 气田未见水井历年解释渗透率

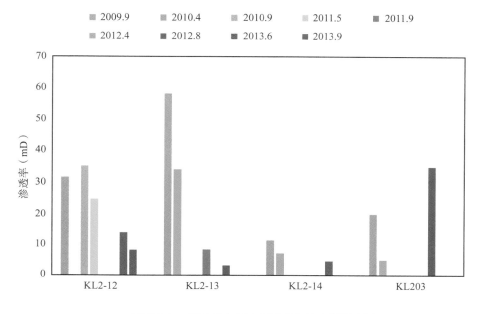

图 5.31　克拉 2 气田未见水井历年解释渗透率

6 异常高压气井表皮系数分解方法与应用

表皮系数是评价油气藏伤害程度的一个重要参数，在评价储层完善程度方面占据着十分重要的地位。但是，测试或试井分析所获得的表皮系数，包括钻井、完井过程中所有因素引起的各类表皮系数，是各种因素产生的表皮系数的总和，受到各种因素的制约。如果用总表皮系数作为评价储层伤害程度的依据，必然会产生偏差，导致措施针对性不强，从而影响措施的应用效果和生产效益。针对这一实际问题，对总表皮系数系统分解，确定反映储层完善程度的真实表皮系数非常必要。

表皮系数分解目前基本上还处在一个理论发展向实践过渡的时期，主要是以理论研究为主，在实际应用中因受理论分解方法和各种关键参数获取方法的影响，作用还未充分得到发挥，如何将表皮系数分解方法应用到实际生产中，一直是各油田在探索解决的问题。

早在 1988 年，陈元千提出了表皮系数系统分解的理论。1990 年，成绥民进一步深入表皮系数系统分解的理论，在试井分析中，总表皮系数可用常规方法和双对数拟合方法求取，除反映钻井完井或其他井下作业中纯伤害引起的表皮系数，它还包含一切引起偏离理想井的各种拟伤害，主要包括局部打开、射孔、井斜、储层形状、流度变化、非达西流等引起的拟表皮系数。

6.1 表皮系数分解方法理论

储层伤害评价的目的就是确定储层是否受到伤害和伤害程度，提供防止和减少伤害的方法及增产措施设计的依据。利用不稳定试井方法（DST 和生产试井）确定的表皮系数 S 广泛用于评价油气层的伤害。

在均质砂岩储层中：$S>0$，认为储层被伤害，存在污染；$S=0$，地层保持原始渗透能力状态；$S<0$，储层得到改造，超完善。对于直井、储层完全裸露、井底未出现非达西流等情况，应用这一理论判断应该说是相对可信的，但实际上，大多数储层由于采用射孔完井、有些井考虑底水和气顶的情况未完全射开、井斜以及油层不均质、生产井所处位置复杂性等因素的影响，再用理论上判断储层是否完善的标准来判断与实际相差很大。

事实上，不稳定试井方法求得的表皮系数为总表皮系数，它是反映储层伤害程度的真实表皮系数与上述提及的射孔、井斜、非均质等因素产生的拟表皮系数的总和，一口井完井投产后能通过措施改造的仅有真实表皮系数部分；目前现场测试解释表明，有相当一部分井在没有进行任何措施之前其表皮系数就为负值，引起对分析和处理结果的怀疑和思考。由于这些原因，产生了表皮系数系统分解的理论，其实就是分析完井各参数与表皮系数的关系，通过实验获得相关算法公式，从而使表皮系数细化。

试井分析时，总的表皮系数在常规方法和双对数拟合方法中，一般按式（6.1）、式（6.2）求取

常规方法：

$$S = 1.151 \left[\frac{p_{ws(1h)} - p_{wf(t_p)}}{m} - \lg \left(\frac{K}{\phi \mu c_t r_w^2} \cdot \frac{t_p}{t_p + 1} \right) - 0.9077 \right] \qquad (6.1)$$

双对数拟合

$$S = \frac{1}{2} \ln \frac{(C_D e^{2S})_m}{C_D} \qquad (6.2)$$

式中　$p_{ws(1h)}$——关井 1h 后井底恢复压力；

　　　$p_{wf(t_p)}$——开始改变产量时的瞬时压力值；

　　　m——压力降落试井分析半对数曲线直线段的斜率；

　　　t_p——稳定产量的时间段；

　　　K——渗透率；

　　　ϕ——孔隙度；

　　　μ——黏度；

　　　C_t——压缩系数；

　　　r_w——井的半径；

　　　S——表皮系数；

　　　C_D——无量纲压缩因子。

以上测试或生产试井求出的表皮系数称为总表皮系数，除反映钻井完井或其他井下作业中纯伤害引起的表皮系数，它还包含一切引起偏离理想井的各种拟伤害，这些拟伤害区别于纯伤害，称为拟表皮系数。因此总表皮系数可由式（6.3）描述：

$$S_t = S_d + S_{PT} + S_{PF} + S_\theta + S_b + S_{tu} + S_A \qquad (6.3)$$

式中　S_t——总表皮系数；

　　　S_d——由钻井、完井等对地层的伤害所引起的真实伤害表皮系数；

　　　S_{PT}——储层部分打开拟表皮系数；

　　　S_{PF}——射孔完井拟表皮系数；

　　　S_θ——井斜拟表皮系数；

　　　S_b——流度变化拟表皮系数；

S_{tu}——非达西流（高速流）拟表皮系数；

S_A——泄油面积形状拟表皮系数。

综上所述，在试井得到地层的总表皮系数后，要求取地层的真实表皮系数，必须先知道各类拟表皮系数是如何获得的，这就需要有算法支持。

6.1.1　局部打开储层拟表皮

由于地质（底水或气顶）或工程原因，储层未完全钻穿或没有全部射开，流体进入井筒将会存在一个附加压力降，由此形成局部打开拟表皮系数。打开厚度越小，产生的局部打开拟表皮系数越大；完全打开时，则局部打开拟表皮系数为零。

局部打开拟表皮系数主要由以下三种方法求取：

（1）诺模图法。在20世纪50年代，局部打开拟表皮系数的获得通常是采用苏联舒洛夫的诺模图（图6.1）。

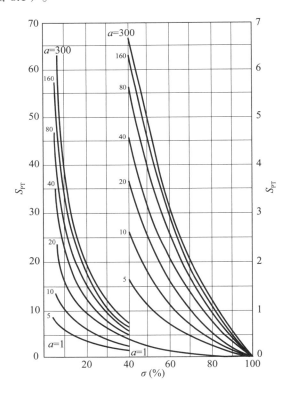

图 6.1　确定 S_{PT} 的舒洛夫曲线

左右两侧纵坐标分别对应不同的打开程度；在打开程度在40以下时，从左侧纵坐标获得S_{PT}；当打开程度在40以上时，从右侧纵坐标获得S_{PT}

即在已知条件下：

$$a = h / D = h / 2r_w \qquad (6.4)$$

$$\sigma = h_p / h \qquad (6.5)$$

式中 h——储层厚度，m；

D——井筒直径，m；

r_w——井筒半径，m；

h_p——打开厚度，m。

通过查图 6.1 确定 S_{PT} 的舒洛夫曲线可以求得 S_{PT}。

（2）查图方便直观，但存在一定误差，随着实验数据的不断积累和微机的应用，使更精确的求解成为可能。通过式（6.6）可以求得 S_{PT}。

$$S_{PT} = \left(\frac{h}{h_p} - 1 \right) \left[\ln \left(\frac{h}{r_w} \right) \left(\frac{K}{K_v} \right)^{\frac{1}{2}} - 2 \right] \qquad (6.6)$$

式中 K_v——为储层垂向渗透率，D。

（3）用式（6.7）求取 S_{PT}。

$$S_{PT} = \frac{2}{\pi \frac{h}{h_p}} \sum_{n=1}^{\infty} \frac{1}{n} \sin \left(n\pi \frac{h}{h_p} \right) \cos \left(n\pi \frac{h}{h_p} Z_D^* \right) K \frac{n\pi \frac{h}{h_p}}{\frac{h_p}{r_w} \sqrt{\frac{K}{K_v}}} \qquad (6.7)$$

式中 Z_D^*——无量纲有效平均压力点。

当 $b=h_p/h=1$ 时，$\sin(n\pi b)=\sin(n\pi)=0$（$n=1$, 2, 3, 4, $\cdots$, n），即 $S_{PT}=0$。也就是说，当储层完全射开时，局部打开拟表皮系数为零。

由于式（6.7）运用过程中需要计算无量纲有效平均压力，对无量纲量的理解和应用，在常规过程中显得较为困难，因而实际应用中运用较少，常用的为方法（2），即使用式（6.6）。

6.1.2 射孔拟表皮系数

在射孔完井中，由于射孔参数的不合理和射孔过程引起的储层伤害有时比钻井损害还大，射孔拟表皮系数包括射孔孔眼拟表皮系数、射孔充填线性流拟表皮系数、压实带拟表皮系数，它同射孔的孔深、孔径、射孔压实程度有着密切的关系，可以用式（6.8）表示：

$$S_{PF} = S_P + S_G + S_{dp}$$ （6.8）

式中 S_{PF}——射孔拟表皮系数；

S_P——射孔孔眼拟表皮系数；

S_G——射孔充填线性流拟表皮系数；

S_{dp}——压实带拟表皮系数。

射孔拟表皮系数主要由以下两种方法求取：

（1）同局部打开储层拟表皮系数一样，过去通常采用的也是苏联舒洛夫的诺模图（图6.2）。

但因随着射孔技术的发展，孔径越来越大，射孔深度也越来越深，原有图版已不适应于大孔径、深穿透射孔求解的要求。特别是穿透深度的加深，穿透深度与井眼直径之比远远超出了图版制作年代涉及的范围。

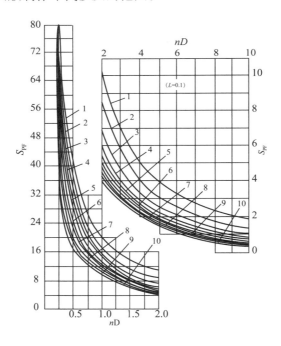

图6.2   确定 S_{PF} 的舒洛夫曲线

n表示射孔密度（每米油层长度上的射孔数）；$a=d/D$，表示射孔的孔眼直径除以井底直径；

$L=l/D$，表示射孔子弹打入油层的深度除以井底直径

（2）把射孔拟表皮系数 S_{PF} 分解成射孔孔眼拟表皮系数 S_P、射孔充填线性流拟表皮系数 S_G、压实带拟表皮系数 S_{dp} 三部分，可以分别求出这三部分的值，从而获得射孔拟表皮系数。这种方法既能适应高穿透深度，也能提高射孔拟表皮系数的求解精度。

①射孔孔眼拟表皮系数 S_P。S_P 可分解为平面流动效应产生的拟表皮系数 S_h、垂直流动效应产生的拟表皮系数 S_v、井眼效应产生的井眼拟表皮系数 S_{wb} 三部分。

a. 平面流动效应产生的拟表系数 S_h 可用式（6.9）求得：

$$S_h = \ln\frac{r_w}{r_w^{'}(\varphi)} \tag{6.9}$$

式中，$r_w^{'}(\varphi)$ 为有效井眼半径，与相位角 φ 有关，可由式（6.10）和式（6.11）获得：

当 $\varphi=0$ 时

$$r_w^{'}(\varphi) = L_p / 4 \tag{6.10}$$

当 $\varphi \neq 0$ 时

$$r_w^{'}(\varphi) = 2\varphi(r_w + L_p) \tag{6.11}$$

式中　L_p——射孔深度，m；

　　　$r_w^{'}(\varphi)$——有效井眼半径，m；

　　　φ——射孔相位角，（°）。

b. 垂直流动效应产生的拟表皮系数 S_v 可由式（6.12）求得：

$$S_v = 10^{\left[a_1 \lg\frac{r_p N}{2}\left(1+\sqrt{\frac{K_v}{K}}\right)+a_2\right]} \frac{1}{NL_p}\sqrt{\frac{K}{K_v}}^{\left[b_1\frac{r_p N}{2}\left(1+\sqrt{\frac{K_v}{K}}\right)+b_2-1\right]}\left[\frac{r_p N}{2}\left(1+\sqrt{\frac{K_v}{K}}\right)\right]^{\left[b_1\frac{r_p N}{2}\left(1+\sqrt{\frac{K_v}{K}}\right)+b_2\right]}$$

$$\tag{6.12}$$

式中　N——有效射孔总孔数，孔；

　　　r_p——射孔孔眼半径，m；

　　　a_1，a_2，b_1，b_2——均为与相位角有关的系数，其取值见表 6.1。

表 6.1　与相位角有关的系数取值（一）

φ（°）	a_1	a_2	b_1	b_2
0（360）	−2.091	0.0453	5.1313	1.8672
180	−2.025	0.0943	3.0373	1.8115
120	−2.018	0.0634	1.6136	1.777
90	−1.905	0.1038	1.5674	1.6953
60	−1.898	0.1023	1.3654	1.649
45	−1.788	0.2398	1.1915	1.6392

c. 井眼效应产生的井眼拟表皮系数 S_{wb} 可由式（6.13）求得：

$$S_{wb} = C_1 e^{C_2 \frac{r_w}{r_w + L_p}} \tag{6.13}$$

式中　C_1，C_2——与相位角有关的系数，其取值见表 6.2。

表 6.2　与相位角有关的系数取值（二）

φ（°）	C_1	C_2
0（360）	1.60×10^{-1}	2.675
180	2.60×10^{-2}	4.532
120	6.60×10^{-3}	5.32
90	1.90×10^{-3}	6.155
60	3.00×10^{-4}	7.509
45	4.60×10^{-5}	8.791

确定了平面流动效应产生的拟表系数 S_h、垂直流动效应产生的拟表皮系数 S_v、井眼效应产生的井眼拟表皮系数 S_{wb} 之后，就可由式（6.14）求得射孔孔眼拟表皮系数 S_p：

$$S_p = S_h + S_v + S_{wb}$$

$$= \ln \frac{r_w}{r_w'(\varphi)} + 10^{\left[a_1 \lg \frac{r_p N}{2}\left(1+\sqrt{\frac{K_v}{K}}\right)+a_2\right]} \frac{1}{NL_p} \sqrt{\frac{K}{K_v}} \left[\frac{r_p N}{2}\left(1+\sqrt{\frac{K_v}{K}}\right)\right]^{\left[b_1 \frac{r_p N}{2}\left(1+\sqrt{\frac{K_v}{K}}\right)+b_2\right]} +$$

$$C_1 e^{C_2 \frac{r_w}{r_w + L_p}} \tag{6.14}$$

②射孔充填线性流拟表皮系数 S_G。

$$S_G = \frac{2KhL_p}{K_G r_p^2 N} \quad\quad (6.15)$$

式中 K_G——砾石充填渗透率，D。

③压实带拟表皮系数 S_{dp}。

$$S_{dp} = \frac{Kh}{K_{dp}L_p N}\left(1 - \frac{K_{dp}}{K_d}\right)\ln\frac{r_{dp}}{r_p} \quad\quad (6.16)$$

式中 K_d——污染带渗透率，D；

K_{dp}——压实带渗透率，D；

r_{dp}——压实带半径，m。

在获得 S_P，S_G 和 S_{dp} 的基础上，就可由式（6.17）获得射孔拟表皮系数 S_{PF}：

$$
\begin{aligned}
S_{PF} &= S_P + S_G + S_{dp} \\[6pt]
&= \ln\frac{r_w}{r_w'(\varphi)} + 10^{\left[a_1\lg\frac{r_p N}{2}\left(1+\sqrt{\frac{K_v}{K}}\right)+a_2\right]}\frac{1}{NL_p}\sqrt{\frac{K}{K_v}}^{\left[b_1\frac{r_p N}{2}\left(1+\sqrt{\frac{K_v}{K}}\right)+b_2-1\right]} \\[6pt]
&\quad \left[\frac{r_p N}{2}\left(1+\sqrt{\frac{K_v}{K}}\right)\right]^{\left[b_1\frac{r_p N}{2}\left(1+\sqrt{\frac{K_v}{K}}\right)+b_2\right]} + C_1 e^{C_2\frac{r_w}{r_w+L_p}} + \\[6pt]
&\quad \frac{2KhL_p}{K_G r_p^2 N} + \frac{Kh}{K_{dp}L_p N}\left(1-\frac{K_{dp}}{K_d}\right)\ln\frac{r_{dp}}{r_p}
\end{aligned}
\quad (6.17)
$$

如储层受到伤害，且储层完全打开，则用式（6.18）：

$$
\begin{aligned}
S_{PF} &= \frac{K}{K_d}S_P + S_G + S_{dp} \\[6pt]
&= \frac{K}{K_d}\left\{\ln\frac{r_w}{r_w'(\varphi)} + 10^{\left[a_1\lg\frac{r_p N}{2}\left(1+\sqrt{\frac{K_v}{K}}\right)+a_2\right]}\frac{1}{NL_p}\sqrt{\frac{K}{K_v}}^{\left[b_1\frac{r_p N}{2}\left(1+\sqrt{\frac{K_v}{K}}\right)+b_2-1\right]}\right. \\[6pt]
&\quad \left.\left[\frac{r_p N}{2}\left(1+\sqrt{\frac{K_v}{K}}\right)\right]^{\left[b_1\frac{r_p N}{2}\left(1+\sqrt{\frac{K_v}{K}}\right)+b_2\right]} + C_1 e^{C_2\frac{r_w}{r_w+L_p}}\right\} + \\[6pt]
&\quad \frac{2KhL_p}{K_G r_p^2 N} + \frac{Kh}{K_{dp}L_p N}\left(1-\frac{K_{dp}}{K_d}\right)\ln\frac{r_{dp}}{r_p}
\end{aligned}
\quad (6.18)
$$

如储层受到伤害，同时考虑储层部分打开，则用式（6.19）：

$$S_{PF} = \frac{K_h}{K_d^{h_p}} S_P + S_G + S_{dp}$$

$$= \frac{Kh}{K_d h_p} \left\{ \ln \frac{r_w}{r_w'(\varphi)} + 10^{\left[a_1 \lg \frac{r_p N}{2}\left(1+\sqrt{\frac{K_v}{K}}\right)+a_2\right]} \frac{1}{NL_p}\sqrt{\frac{K}{K_v}}^{\left[b_1 \frac{r_p N}{2}\left(1+\sqrt{\frac{K_v}{K}}\right)+b_2-1\right]} \right. $$

$$\left. \left[\frac{r_p N}{2}\left(1+\sqrt{\frac{K_v}{K}}\right)\right]^{\left[b_1 \frac{r_p N}{2}\left(1+\sqrt{\frac{K_v}{K}}\right)+b_2\right]} + C_1 e^{C_2 \frac{r_w}{r_w + L_p}} \right\} + $$

$$\frac{2KhL_p}{K_G r_p^2 N} + \frac{Kh}{K_{dp}L_p N}\left(1 - \frac{K_{dp}}{K_d}\right)\ln \frac{r_{dp}}{r_p} \tag{6.19}$$

6.1.3　井斜拟表皮系数

理想井应该是水平地层的垂直井，井斜为零；而对于斜井（图 6.3），这时流体入井的阻力不同于垂直井，因此必然产生一个拟表皮效应，衡量此效应的值就是井斜拟表皮系数，井斜越大，产生的负表皮系数的绝对值也就越大。

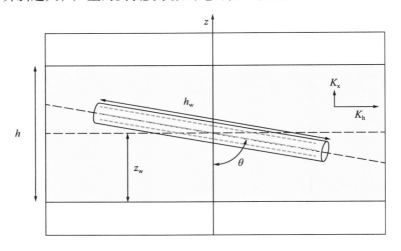

图6.3　斜井示意图

井斜拟表皮系数由式（6.20）计算：

$$S_\theta = \left(\frac{\theta'_w}{41}\right)^{2.06} - \left(\frac{\theta'_w}{56}\right)^{1.865} \lg\left(\frac{h_D}{100}\right) \tag{6.20}$$

$$\theta'_w = \tan^{-1}\left(\sqrt{\frac{K_v}{K}} \tan\theta_w\right) \tag{6.21}$$

$$h_D = \frac{h}{r_w}\sqrt{\frac{K}{K_v}} \tag{6.22}$$

式中　S_θ——井斜拟表皮系数；

　　　θ'_w——井斜校正角度，（°）；

　　　h_D——无量纲地层厚度；

　　　θ_w——实际井斜角度，（°）。

　　式（6.20）适用的条件为：

$$0° \leqslant \theta_w \leqslant 75°$$

$$\frac{h}{r_w} > 40$$

$$h_D > 100$$

6.1.4　储层形状拟表皮系数

不稳定试井的数学模型是假设无穷大地层中心一口井，而实际气藏形状复杂，不同形状的气藏会产生各自的形状效应，这就是形状拟表皮系数 S_A。计算公式为：

$$S_A = \frac{1}{2}\ln\frac{31.6}{C_A} \tag{6.23}$$

式中　S_A——储层形状拟表皮系数；

　　　C_A——储层形状系数。

6.1.5 流度变化拟表皮系数

当近井地带存在明显流度变化或储层径向非均质时（即$\dfrac{K}{\mu}$变化），将产生拟表皮效应，由此产生的表皮系数为流度变化拟表皮系数，流度比减小，因近井地带的渗流能力比外区好，内区相对外区而言，是减小了外区向井的流动阻力，因而形成负的拟表皮系数；反之，流度比增大，则会形成正的拟表皮系数。流度变化拟表皮计算公式：

$$S_{b}=\left(\frac{1}{M}-1\right)\ln\frac{r_{b}}{r_{w}} \tag{6.24}$$

式中　S_{b}——因流度比变化而产生的拟表皮系数；

　　　M——流度比，D/（mPa·s）；

　　　r_{b}——流度变化区的半径，m。

6.1.6 非达西流拟表皮系数

井底流速很高时，将出现非达西流动，增加井底周围地带的附加压力损失，从而引起非达西拟表皮系数，气井因流速高，必须考虑该项，而油井因产量而异，高产时，应考虑该项，而产量低时，由此产生的拟表皮系数则很小，可以忽略此项。

$$S_{tu}=DQ \tag{6.25}$$

式中　S_{tu}——非达西流引起的拟表皮系数；

　　　D——非达西流因子，d/m³；

　　　Q——流体流量，m³/d。

6.2 关键参数求解方法研究

确定了各种拟表皮系数的算法后，对试井获得的总表皮系数进行分解，还需要对公式中关键参数的求解方法进行研究。

6.2.1 地层条件下射孔穿透深度的确定

每一种射孔弹型都有它的穿透深度指标，这一指标来源于地面岩心靶的试验检测结果，由于实际地层的抗压强度与地面岩心靶的抗压强度各不相同，孔隙度也存在差异，因此岩心靶检测试验获得的穿透深度并不能代表地层中的实际穿透深度，有必要进行修正来获得地层条件下射孔穿透深度。

（1）抗压强度折算方法。

图 6.4 为美国德莱赛公司根据大量试验数据，做出的抗压强度与穿透深关系图，用该图求取地层条件下射孔穿透深度，首要的条件就是要知道储层的抗压强度。储层抗压强度可以通过以下方法获得：对于有压裂井的区块，可以用区块压裂井监测到的破裂压力作为储层的抗压强度。这在区块物性变化不大时，是可行而有效的；但区块物性变化较大时，井处于区块不同位置因物性的变化可能导致该值的变化，应用时要根据区块特点加以区分。当一些区块没有压裂井时，该值就难以确定，特别是探井，因是区块的第一口井，地层抗压强度就更难准确获得；另外，查图法的精度也受到影响。为此，研究过程中，引用了孔隙度折算方法。

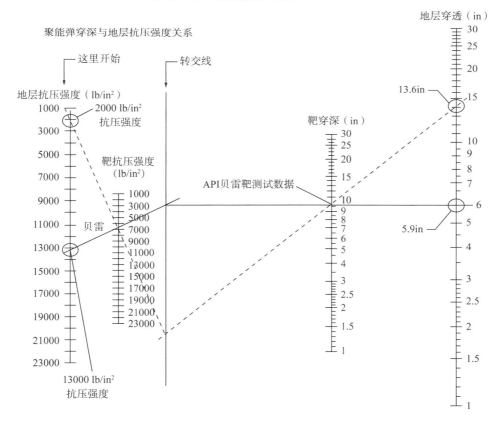

图 6.4 抗压强度与穿透深关系图

（2）孔隙度折算方法。

地层的抗压强度与孔隙度有着密切的关系，因而通过孔隙度折算法来获取地层条件下的射孔深度就成了射孔技术研究的课题，通过大量研究和实验，得到以下经验公式。

当 $\dfrac{\phi_f}{\phi_B}<1$ 时

$$L_{pf}=L_{pB}\left(\frac{\phi_f}{\phi_B}\right)^{1.5}\left(\frac{19}{\phi_f}\right)^{0.5} \tag{6.26}$$

当 $\dfrac{\phi_f}{\phi_B}=1$ 时

$$L_{pf}=L_{pB} \tag{6.27}$$

当 $\dfrac{\phi_f}{\phi_B}>1$ 时，$\phi_B<19\%$ 时

$$L_{pf}=L_{pB}\left(\frac{\phi_f}{\phi_B}\right)^{1.5}\left(\frac{\phi_B}{19}\right)^{0.5} \tag{6.28}$$

当 $\dfrac{\phi_f}{\phi_B}>1$，$\phi_B<19\%$ 时

$$L_{pf}=L_{pB}\left(\frac{\phi_f}{\phi_B}\right)^{1.5} \tag{6.29}$$

式中　L_{pf}——地层条件下射孔深度，mm；

L_{pB}——贝雷岩心靶射孔深度，mm；

ϕ_f——储层孔隙度；

ϕ_B——贝雷岩心靶孔隙度。

因为在射孔深度试验中，对试验靶有着严格的要求，有相关标准可查，贝雷岩心靶孔隙度要求为 12% ~ 14%，抗压强度为 43 ~ 45MPa，因而 ϕ_B、抗压强度基本是一定值，研究过程中，认为目前贝雷岩心靶孔隙度一般为 14%，抗压强度为 44.8MPa，因而在用孔隙度法折算射孔深度时，ϕ_B 取值为 14%，查图法时，抗压强度取值 44.8MPa。

（3）渗透率折算法。

$$L_{pf}=L_{pB}\left(1+AP\ln\frac{K_f}{K_B}\right) \tag{6.30}$$

式中　L_{pf}——地层条件下射孔深度，mm；

AP——与岩石性质有关的校正参数；

K_f——地层岩石的渗透率，mD；

K_B——贝雷岩心靶渗透率，mD。

但该方法要根据岩石的性质及组分确定 AP，相对来说不如上面两种方法直接，因而在实际工作中应用较少。

6.2.2　压实带半径的确定

射孔孔眼周围受到射孔时的挤压，会造成岩石结构的破坏，射孔挤压所波及的范围常用压实带半径或压实厚度来表示，对该项参数的确定，Bell 研究出一种颜色指示法，通过岩心射孔试验将射孔后的岩心压实带形状、半径真实清晰地显示出来，在此基础上获得压实带半径，通过积累和整理，获得经验公式：

$$r_{dp} = 0.0125 + r_p \qquad (6.31)$$

式中　r_{dp}——压实带半径；

r_p——近井地带受伤害地层半径。

6.2.3　压实带渗透率的确定

射孔孔眼周围受到射孔的挤压，会造成挤压带渗透率的降低，通过实验，Bell 给出了实验公式：

$$K_{dp} = (10\% \sim 25\%) K_d \qquad (6.32)$$

式中　K_{dp}——压实带渗透率；

K_d——近井地带受伤害地层的有效渗透率。

对于气井，压实带渗透率 K_{dp} 取决于非达西因子 D：

$$D = 6.28 \times 10^{-14} \left(\frac{\beta}{N^2 L_p^2 r_p} \right) \left(\frac{Kh}{\mu} \right) \qquad (6.33)$$

式中　D——非达西因子；

N——有效射孔总孔数；

L_p——射孔深度。

由式（6.33）可以解出 β，则：

$$K_{\mathrm{dp}} = \left(2.97 \times 10^8 / \beta\right)^{\frac{1}{1.2}} \qquad (6.34)$$

式中　β——湍流因子。

储层渗透率相对较低，受到的压实程度也相应较低，据相关研究表明，渗透率小 50mD，K_{dp} 可近似取值 $25\%K_{\mathrm{d}}$。由此可知，只要获得伤害带渗透率，即可确定压实带渗透率。

6.2.4　伤害带渗透率的确定

在钻井、完井过程中，因钻井液、压井液不配伍或密度过大，对近井地带储层造成伤害，从而降低井底附近地带储层的有效渗透率，伤害带渗透率的确定主要从试井分析的角度着手，对一些非常用方法进行了理论探究，最终确认运用 Mckinley 法求解井底附近地层流动系数和有效渗透率，进而求取井底附近的渗透率（即受伤害地层的渗透率）。Mckinley 法是运用 Mckinley 典型曲线与实测曲线早期段的拟合来求取井底附近的渗透率。早期数据曲线与 Mckinley 典型曲线达到最佳拟合状态时，从早期匹配段上选择匹配点并记录 $(\Delta p)_{\mathrm{M}}$（横轴）、$\left(\dfrac{\Delta pC}{q_0 B_0}\right)_{\mathrm{M}}$（纵轴），$\left(\dfrac{T}{C}\right)_{\mathrm{MW}}$（典型曲线），然后根据匹配值求取井底附近的流动系数，其关系式为：

$$T_{\mathrm{WB}} = \left(\frac{Kh}{\mu_0}\right)_{\mathrm{WB}} = 1.3218 \times 10^{-5} \left(\frac{\Delta pC}{q_0 B_0}\right)_{\mathrm{M}} \left(\frac{T}{C}\right)_{\mathrm{MW}} \frac{q_0 B_0}{(\Delta p)_{\mathrm{M}}} \qquad (6.35)$$

$$K_{\mathrm{d}} = \left(\frac{Kh}{\mu_0}\right)_{\mathrm{WB}} \left(\frac{\mu}{h}\right) \qquad (6.36)$$

式中　T_{WB}——井底附近受伤害地带的流动系数，D·m/（mPa·s）；

　　　K_{d}——近井地带受伤害地层的有效渗透率，D。

用 Mckinley 图版求取井底附近受伤害地层的有效渗透率，更符合每口井的实际情况，因压力恢复资料是井底压力状态的真实反映；同时，运用这一方法，在构造复杂、储层非均质区块更有针对性，可避免因统计资料带来的误差。

6.2.5　伤害深度的初步估算

初步估算伤害深度，以判别射孔孔深是否穿透伤害带，这对表皮系数的分解至关重要，如果射孔未穿透伤害带，则产生的拟表皮系数远大于穿透情况下的拟表皮系数。

据相关经验统计，初步估算伤害深度的公式：

$$L_d = \frac{1}{2} B r_w \left[\ln \left(r_w + 2A \sqrt{\Delta r r_L HT} \right) - \ln r_w \right] \tag{6.37}$$

式中　L_d——伤害深度，cm；

B——结构参数，取 1.291；

A——回归常数，取 0.06476；

Δr——钻井液密度与地层压力系数之差；

H——井深，m；

T——钻井液浸泡时间，h；

r_L——钻井液失水，mL。

$$L_d = \sqrt{r_w^2 + 1.728 \frac{KT\Delta p}{\mu \phi}} - r_w \tag{6.38}$$

式中　Δp——钻井压差，MPa；

μ——钻井液滤液黏度，mPa·s。

通过经验公式的初步估算，来判断射孔孔深是否穿透伤害带，但真正的伤害深度要等求得真实的储层伤害表皮系数后才能确定。

6.2.6　地层参数的确定

地层参数是直接关系到表皮系数计算结果正确与否的重要参数，可通过岩心分析直接获得渗透率、孔隙度、垂向渗透率与水平渗透率之比等参数，但是这种直接测量方法通过大量实验分析获得，因而在实际工作中并不实用。因而表皮系数分解研究过程中，采用了以下参数的获取方法：

（1）渗透率的确定。

通过测试（试井）资料的霍纳、叠加或 Gringarten 法分析确定，这就是平常所说的试井解释，每个测试层均可作出这样的解释，因而渗透率的获得并不困难。

（2）孔隙度的确定。

用测井解释渗透率加权平均来求得：

$$\phi = \frac{\sum\left(h_1\phi_1 + h_2\phi_2 + \cdots + h_n\phi_n\right)}{\sum\left(h_1 + h_2 + \cdots + h_n\right)} \quad (6.39)$$

（3）地层压力的确定。

用实测地层压力或用霍纳、叠加法分析获得的储层压力。

（4）垂向渗透率与水平渗透率之比。

该值可通过岩心实验分析或垂向干扰（脉冲）试井获得，而岩心分析能提供的这方面的资料很少，垂向干扰（脉冲）试井投入则更大，且影响产量，在实际工作中不太现实，因此开展了垂向渗透率的变化对拟表皮系数影响的研究。

在储层参数（厚度、渗透率、伤害带渗透率、伤害半径）、射孔参数（孔深、孔径、压实厚度、压实带渗透率、相位角、孔密、孔径）相同的前提下，改变垂向渗透率与径向渗透率的比值，获得对应的射孔拟表皮系数，再作垂向渗透率与径向渗透率的比值 $\dfrac{K_v}{K}$ 与射孔拟表皮系数的关系图，如图 6.5 所示，从图中不难看出，当储层垂向渗透率与径向渗透率的比值 $\dfrac{K_v}{K}$ 小于 0.1 时，所引起的射孔拟表皮系数变化较大，比值在 0.1 ~ 0.7，引起的表皮系数变化明显减弱，当比值大于 0.7 时，比值变化引起的射孔拟表皮系数变化则很小。

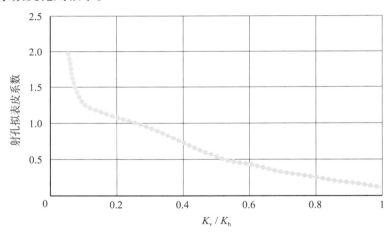

图 6.5　垂向与径向渗透率的比值（K_v/K）与射孔拟表皮系数的关系图

6.3　表皮系数分解方法应用

在表皮系数系统分解理论和关键参数获取技术的支撑下，以测录井资料为起点，以射孔参数为核心，综合测试资料解释成果，以分解方法为指导，开展测试资料的表皮系数系统分解。

　　储层基础资料准确与否同最终分解结果精度紧密相连，为确保分解的精度，每口井从接到测试任务起，就注意收集钻井、测井、录井、射孔等资料，正是如此，才得以确保研究工作的顺利开展。

6.3.1　局部打开拟表皮系数

　　使用式（6.3）对克拉2气田单井局部打开拟表皮系数进行计算得到表6.3。

　　由表6.1中可以看出三种方法相差不大，从文献调研可知，公式（6.7）数值拟合精度较高，因此可选用公式（6.7）的方法作为克拉2气田单井局部打开拟表皮系数。

表6.3　克拉2气田单井局部打开拟表皮系数

井号	储层厚度（m）	打开厚度（m）	井筒半径（m）	单井局部打开拟表皮系数		
				陈元千公式	公式（6.6）	公式（6.7）
KL2−1	303.70	144.00	0.09	8.56	8.05	7.22
KL2−2	252.30	136.00	0.09	6.45	6.09	5.42
KL2−3	337.40	199.00	0.09	5.11	4.86	4.28
KL2−4	278.20	138.00	0.09	6.96	6.50	5.73
KL2−5	241.30	122.00	0.09	7.10	6.67	5.92
KL2−6	223.21	118.00	0.09	6.53	6.14	5.45
KL2−7	250.00	145.50	0.09	5.31	5.04	4.44
KL2−8	273.11	171.00	0.09	4.35	4.16	3.63
KL2−9	202.80	93.00	0.09	8.22	7.67	6.80
KL2−10	197.70	94.00	0.09	7.70	7.19	6.37
KL2−11	193.10	90.00	0.09	8.06	7.52	6.67
KL2−12	162.40	86.00	0.09	6.21	5.82	5.14
KL2−13	284.91	160.00	0.09	5.40	5.09	4.46
KL2−14	122.80	104.00	0.09	1.07	1.09	0.86
KL2−15	226.50	117.00	0.09	7.03	6.62	5.90
KL203	258.30	107.00	0.09	10.00	9.35	8.30
KL204	138.10	73.00	0.06	6.02	5.64	4.80
KL205	215.80	163.00	0.09	2.29	2.26	1.90

6.3.2 射孔拟表皮系数

射孔拟表皮系数分为三个部分计算，应用式（6.9）、式（6.10）以及式（6.11）可得表 6.4。

表 6.4 克拉 2 气田单井射孔拟表皮系数

井号	水平流动拟表皮系数 S_h	垂直流动拟表皮系数 S_v	井眼表皮效应 S_w	射孔孔眼拟表皮系数 S_p
KL2-1	-2.56	3.88871×10^{-35}	4.82×10^{-4}	-2.56
KL2-2	-2.59	5.67724×10^{-37}	4.74×10^{-4}	-2.59
KL2-3	-2.59	6.04047×10^{-64}	4.74×10^{-4}	-2.59
KL2-4	-2.56	4.40252×10^{-48}	4.82×10^{-4}	-2.56
KL2-5	-2.56	7.11307×10^{-33}	4.82×10^{-4}	-2.56
KL2-6	-2.59	7.23859×10^{-34}	4.74×10^{-4}	-2.59
KL2-7	-2.56	3.21911×10^{-36}	4.82×10^{-4}	-2.56
KL2-8	-2.59	9.68337×10^{-51}	4.74×10^{-4}	-2.59
KL2-9	-2.56	2.9325×10^{-27}	4.82×10^{-4}	-2.56
KL2-10	-2.56	4.84822×10^{-27}	4.82×10^{-4}	-2.56
KL2-11	-2.56	3.81874×10^{-25}	4.82×10^{-4}	-2.56
KL2-12	-2.56	1.47901×10^{-22}	4.82×10^{-4}	-2.56
KL2-13	-2.56	1.84012×10^{-52}	4.82×10^{-4}	-2.56
KL2-14	-2.56	7.90533×10^{-30}	4.82×10^{-4}	-2.56
KL2-15	-2.56	8.97392×10^{-28}	4.82×10^{-4}	-2.56
KL203	-2.56	6.70598×10^{-33}	4.82×10^{-4}	-2.56
KL204	-2.88	3.83821×10^{-23}	4.23×10^{-4}	-2.87
KL205	-2.56	1.9019×10^{-38}	4.82×10^{-4}	-2.56

6.3.3 井斜拟表皮系数

利用式（6.20）计算克拉 2 气田单井井斜拟表皮系数，结果见表 6.5。

表 6.5　克拉 2 气田单井井斜拟表皮系数

井号	h/r_w	储层最大井斜角（°）	无量纲储层厚度 h_D	校正井斜角（°）	井斜拟表皮系数
KL2−1	3416.20	3.9	10467	1.27	-9.590×10^{-4}
KL2−2	2838.02	3	9147	0.93	-5.322×10^{-4}
KL2−3	3795.28	8.63	7995	4.12	-5.854×10^{-3}
KL2−4	3129.36	1.8	4429	1.27	-6.344×10^{-4}
KL2−5	2714.29	0.9	6745	0.36	-9.233×10^{-5}
KL2−6	2510.80	4.1	7269	1.42	-9.833×10^{-4}
KL2−7	2812.15	6.7	8194	2.31	-2.334×10^{-3}
KL2−8	3072.10	1.59	7826	0.62	-2.514×10^{-4}
KL2−9	2281.22	7.5	4908	3.50	-3.319×10^{-3}
KL2−10	2223.85	2.1	4983	0.94	-4.096×10^{-4}
KL2−11	2172.10	4.1	5256	1.70	-1.118×10^{-3}
KL2−12	1826.77	4.5	5201	1.58	-9.934×10^{-4}
KL2−13	3204.84	3.5	5033	2.23	-1.686×10^{-3}
KL2−14	1381.33	2.7	3058	1.22	-4.650×10^{-4}
KL2−15	2547.81	8.67	8691	2.56	-2.844×10^{-3}
KL203	2905.51	5.6	5487	2.97	-2.793×10^{-3}
KL204	2174.80	6.2	4126	3.28	-2.626×10^{-3}
KL205	2427.45	7	7925	2.15	-2.049×10^{-3}

6.3.4　非达西流拟表皮系数

由于克拉 2 气田单井产量高，因此在表皮系数分解的过程中考虑非达西流引起的拟表皮系数。利用式（6.25）计算克拉 2 气田单井非达西流拟表皮系数，可得表 6.6。

表 6.6 克拉 2 气田单井非达西流拟表皮总数

井号	渗透率 K （mD）	储层厚度 （m）	井筒半径 （m）	湍流因子 β	非达西因子 D	气体产能 q_g （$10^4 m^3/d$）	非达西流拟表皮系数 S_{tu}
KL2-1	75.40	144	0.0889	2.77×10^5	1.14×10^{-6}	2.97×10^2	3.39
KL2-2	83.85	136	0.0889	3.50×10^5	1.51×10^{-6}	3.20×10^2	3.90
KL2-3	58.13	199	0.0889	3.77×10^5	1.66×10^{-6}	8.37×10^1	1.39
KL2-4	61.55	138	0.0889	7.25×10^5	2.34×10^{-6}	2.73×10^2	6.38
KL2-5	55.93	122	0.0889	1.47×10^6	3.80×10^{-6}	5.45×10^1	2.07
KL2-6	56.65	118	0.0889	2.38×10^5	6.05×10^{-7}	1.54×10^2	0.93
KL2-7	94.90	145.5	0.0889	5.61×10^5	2.94×10^{-6}	1.00×10^2	6.93
KL2-8	84.18	171	0.0889	6.68×10^5	3.65×10^{-6}	1.64×10^2	5.99
KL2-9	10.03	93	0.0889	8.78×10^6	3.11×10^{-6}	6.52×10^1	2.03
KL2-10	46.06	94	0.0889	1.07×10^6	1.76×10^{-6}	5.51×10^1	0.97
KL2-11	46.35	90	0.0889	4.20×10^5	6.65×10^{-7}	7.09×10^1	0.47
KL2-12	22.54	86	0.0889	3.14×10^6	2.31×10^{-6}	3.04×10^1	0.70
KL2-13	25.85	160	0.0889	1.25×10^7	1.96×10^{-5}	3.05×10^1	5.96
KL2-14	7.63	104	0.0889	1.95×10^8	5.89×10^{-5}	2.81×10^1	16.55
KL2-15	32.90	117	0.0889	1.64×10^6	2.39×10^{-6}	6.10×10^1	1.46
KL203	4.98	107	0.0889	1.20×10^8	2.44×10^{-5}	3.52×10^1	8.59
KL204	4.45	73	0.0635	1.20×10^8	8.78×10^{-3}	6.00×10^1	0.53
KL205	5.98	163	0.0889	2.26×10^6	8.37×10^{-7}	8.74×10^1	0.73

6.3.5 克拉 2 气田总表皮系数分解结果

在射孔穿透深度、伤害带渗透率这两个最主要的参数确定后，即可开展表皮系数系统分解，各层表皮系数分解结果见表 6.7。

表 6.7 克拉 2 气田表皮系数分解数据表

序号	井号	局部射开表皮系数	井斜表皮系数	射孔拟表皮系数	非达西流拟表皮系数	泄油面积拟表皮系数	总表皮系数	真实表皮系数
1	KL2−1	7.22	−0.000959	−2.56	3.39	0.25	8.31	2.39
2	KL2−2	5.42	−0.0005322	−2.59	3.90	0.25	6.98	−3.83
3	KL2−3	4.28	−0.0058537	−2.59	1.39	0.25	3.32	−0.36
4	KL2−4	5.73	−0.0006344	−2.56	6.38	0.25	9.81	−4.69
5	KL2−5	5.92	−9.233E−05	−2.56	2.07	0.25	5.69	3.12
6	KL2−6	5.45	−0.0009833	−2.59	0.93	0.25	4.04	1.72
7	KL2−7	4.44	−0.0023339	−2.56	6.93	0.25	9.06	0.29
8	KL2−8	3.63	−0.0002514	−2.59	5.99	0.25	7.27	−0.32
9	KL2−9	6.80	−0.0033188	−2.56	2.03	0.25	6.52	0.10
10	KL2−10	6.37	−0.0004096	−2.56	0.97	0.25	5.03	1.63
11	KL2−11	6.67	−0.0011179	−2.56	0.47	0.25	4.84	−3.45
12	KL2−12	5.14	−0.0009934	−2.56	0.70	0.25	2.91	167.09
13	KL2−13	4.46	−0.0016861	−2.56	5.96	0.25	2.63	73.67
14	KL2−14	0.86	−0.000465	−2.56	16.55	0.25	13.62	549.38
15	KL2−15	5.90	−0.0028443	−2.56	1.46	0.25	5.05	3.83
16	KL203	8.30	−0.0027931	−2.56	8.59	0.25	45.54	495.46
18	KL205	1.90	−0.0020487	−2.56	0.73	0.25	0.32	1.15

从表 6.7 的分解结果可以发现，克拉 2 气田拟表皮系数主要是由部分射开和井底附近高速湍流造成的，射孔孔眼拟表皮系数对地层有一定改善作用，真实表皮系数在气井未见水时较小，气井见水后真实表皮系数急剧增大。

7 异常高压气藏产能评价方法

7.1 气井产能的含义

气井产能就是指一口气井的产气能力。早期的气田，在测定这种产气能力时，采取敞开井口放喷的办法，得到的产气量可以说是"实测无阻流量"。用这种方法不但浪费了大量可贵的天然气，造成气井出砂、出水，损坏了气井，而且试气时始终存在着采气管柱的摩阻，因而得到的仍然不是真正意义的（井底压力降为0.1013MPa时的）最大流量。

到20世纪20年代末，美国矿业局的Pierce和Rawlines（1929）发展了回压试井法，并于30年代末被进一步完善，在气田广泛应用。回压试井法采用不同的气嘴，按一定的顺序开井生产；同时，监测产气量和井底流动压力，得到"稳定的产能曲线"，用来推算无阻流量，并可用于预测气藏衰竭时的情况。

采用回压试井，需要在施工时使产气量和井底流动压力同时达到稳定，因而所需测试时间较长，放空气量较多。特别是对于低渗透地层的勘探气井，过长的测试时间，往往使施工者难以承受。为此，发展了等时试井和修正的等时试井法。

Cullender于1955年发展的等时试井法，在现场测试时不必要求气井每次开井达到稳定，既减少了测试时间，又节省了放空气量。但这一方法在测试时要多次开关井，并且每次关井都要达到稳定，恢复到原始地层压力。不但在操作程序上较回压试井麻烦，而且所需时间仍然较长。特别对于井底积液的气井，还带来许多测试工艺上的问题。

Katz等于1959年对等时试井法进一步改进，得到修正等时试井法，使用这种测试方法，在关井时不必恢复到原始压力，所需测试时间较等时试井短，特别对于低渗透气层更为适用。

在压力表达方式上，从早期的单纯用压力进行分析，发展到20世纪60年代，考虑到真实气体的压缩性，由Russell等提出了求解偏微分方程时的压力平方表示方法和由Al-Hussainy等提出的真实气体拟压力表示法。并在此基础上产生了二项式产能方程。二项式产能方程更好地表述了气体在地层中流动时的湍流影响，从而可以更为准确地推算气井的无阻流量。

但是，纵观产能试井法的发展不难发现，所有这些方法的产生，都是源于生产规划的需要。从方法本身来说，带有实验和估算的性质，理论上并非是十分严格的。

7.2 产能试井方法

（1）回压试井法。

回压试井法产生于 1929 年，并于 1936 年由 Rawlines 和 Schellhardt 加以完善。其具体做法是，用 3 个以上不同的气嘴连续开井，同时记录气井生产时的井底流动压力。其产量和流压对应关系如图 7.1 所示。

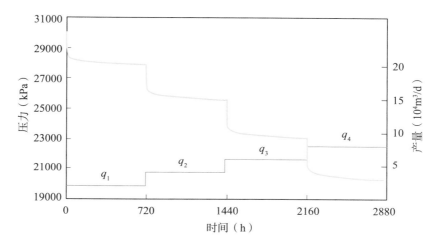

图 7.1　回压试井产量和井底流动压力对应关系示意图

把上述数据，画在如图 7.2 所示的产能方程图上，可以用图解法推算出无阻流量。

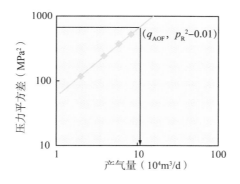

图 7.2　回压试井产能方程示意图

在产能方程图中，纵坐标为以压力平方表示的生产压差，$\Delta p_i^2 = p_R^2 - p_{wfi}^2$。其中 p_R——地层压力，p_{wfi}——井底流动压力，q_{gi}——相应气嘴下的产气量。正常情况下，4 个测试点可以回归成一条直线，当取 $p_{wf} = 0.1 \text{MPa}$ 时，相当于井底放空为大气压力（1atm）时的情况，此时产气量将达到极限值。称这时的气井产量为"无阻流量"，

表示为 q_{AOF}。一般来说，无阻流量 q_{AOF} 是不可能直接测量到的，因为井底压力不可能放空到大气压力。q_{AOF} 只能通过公式加以推算。

回压试井在测试时的要求是，每个气嘴开井生产时，不但产气量是稳定的，井底流动压力也已基本达到稳定，同时，应该要求地层压力也是基本不变的。但是，现场实施时，达到流动压力稳定是很困难的，为了达到稳定，采取长时间开井，而长时间开井后，对于某些井层，又造成地层压力同时下降。这也就限制了回压试井方法的应用。

（2）等时试井法。

由于回压试井存在着以上不足之处，到 1955 年，由 Cullender 等提出了一种"等时产能试井法"。这种方法仍采取 3 个以上不同工作制度生产，同时测量流动压力。实施时并不要求流动压力达到稳定，但每个工作制度开井生产前，都必须关井并使地层压力得到恢复，基本达到原始地层压力。在不稳定的产量和压力测试后，再采用一个较小的产气量延续生产达到稳定。其产量和压力的对应关系如图 7.3 所示。

等时试井法的采用，大大缩短了开井流动时间，使放空气量大为减少。但是，由于每次开井后都必须关井恢复到地层压力稳定，因此并不能有效地减少测试时间。

对于每一个工作制度下的产气量 q_{gi}，对应于生产压差 $\Delta p_i^2 = p_R^2 - p_{wfi}^2$，得到产气量与生产压差的对应关系。对于最后一个稳定的产能点，产气量为 q_{gw}，生产压差为 $\Delta p_w^2 = p_R^2 - p_{wfw}^2$。

图 7.4 显示了用等时试井法测得的产能方程图。图中从 4 个不稳定产能点，可以回归出一条不稳定的产能方程线。为了找到稳定的产能方程，通过延续生产的稳定产能点，做不稳定方程的平行直线，得到稳定的产能方程线，同样可以用图解法推算出无阻流量。

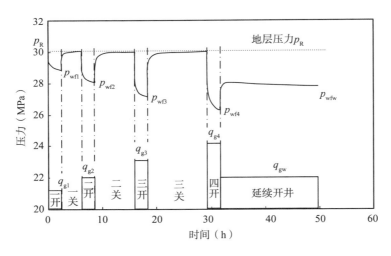

图 7.3　等时试井产量和压力对应关系图

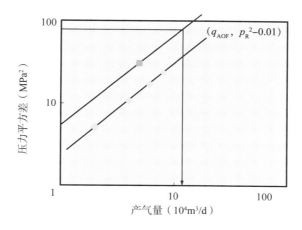

图 7.4 等时试井产能方程示意图

（3）修正等时试井法。

Katz 等于 1959 年提出了修正等时试井法，这一方法克服了等时试井的缺点，从理论上证明了可以在每次改换工作制度开井前，不必关井恢复到原始地层压力，从而大大地缩短了不稳定测试的时间。它的产量和压力对应关系如图 7.5 所示。

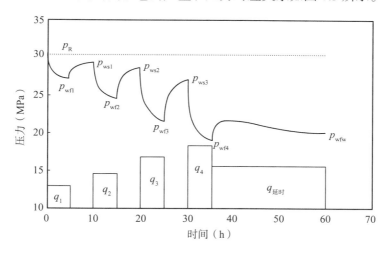

图 7.5 修正等时试井产量和压力对应关系示意图

从图 7.5 中看到，修正等时试井法不但大大减少了开井时间和放空气量，而且总的测试时间也可减少。这时在用测点数据作图时，对应产气量 q_{gi} 的压差的计算方法是：

$$\Delta p_i^2 = p_{wsi}^2 - p_{wfi}^2$$

（7.1）

具体的计算方法是：

$$\Delta p_1{}^2 = p_R{}^2 - p_{wf1}{}^2$$
$$\Delta p_2{}^2 = p_{ws1}{}^2 - p_{wf2}{}^2$$
$$\Delta p_3{}^2 = p_{ws2}{}^2 - p_{wf3}{}^2$$
$$\Delta p_4{}^2 = p_{ws3}{}^2 - p_{wf4}{}^2$$
$$\Delta p_w{}^2 = p_R{}^2 - p_{wfw}{}^2$$

应用上述的对应关系，可以作出修正等时试井的产能方程图，图的形式与等时试井（图 7.4）类似。同样可以推算出无阻流量 q_{AOF}。

结合我国的实际情况，国内在现场应用修正等时试井时，在测试程序及无阻流量计算方法上进行了某些改进。与经典方法不同之处是：

① 在第 4 次开井后，增加了一次关井，可以多取得一个关井压力恢复资料；

② 延时开井后，增加了终关井测试，不但可以了解储层的参数及边界分布，而且可以判断地层压力是否下降，用以校正延时生产压差，得到关井稳定压力 p_{ss}。

改进的修正等时试井产量和压力对应关系如图 7.6 所示。

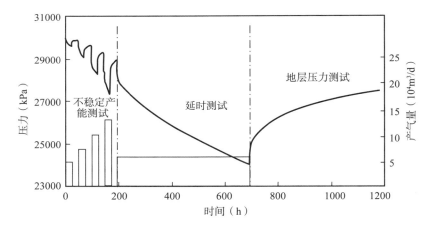

图 7.6　改进的修正等时试井产量和压力对应关系

（4）简化的单点试井。

如果说对于一个已经进行了大量产能试井的气田，多数井作出的产能方程，在图中具有大体一致的斜率，则只要测试一个稳定的产能点，即可得到大体正确的产能方程，并推算无阻流量。

（5）各种测试方法压差计算示意图。

为了避免产能分析时计算压差的错误，图 7.7 示意性地标明了不同压差与测点压力之间的关系。

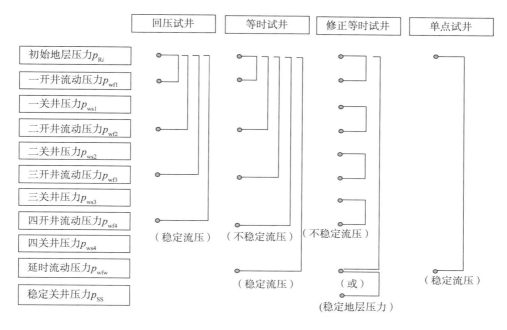

图 7.7　不同产能试井方法压差计算示意图

7.3　产能评价方法综述

7.3.1　稳态和拟稳态的气井产能方程

Forchheimer 方程在径向流动条件下的表达式为：

$$\frac{\mathrm{d}p}{\mathrm{d}r}=\frac{\mu}{K}v+\beta\rho v^{2}$$

（7.2）

式中，非达西紊流系数 β 为：

$$\beta=\frac{0.003168}{K^{1.25}\phi^{0.75}}$$

从式（7.2）可以导出产量表达式：

$$q_{sc} = \frac{2.714 \times 10^{-5} T_{sc} Kh \left(p_e^2 - p_{wf}^2 \right)}{p_{sc} T \bar{\mu} \bar{Z} \left(\ln \dfrac{r_e}{r_w} + S + Dq_{sc} \right)} \qquad (7.3)$$

式（7.2）改写为：

$$p_R^2 - p_{wf}^2 = Aq_{sc} + Bq_{sc}^2 \qquad (7.4)$$

式中，系数 A 和 B 表达式分别为：

$$A = \frac{3.684 \times 10^4 \, p_{sc} T \bar{\mu} \bar{Z}}{T_{sc} Kh} \left(\ln \frac{r_e}{r_w} + S \right)$$

$$B = \frac{2.282 \times 10^{-21} \beta \gamma_g \bar{Z} T}{r_w h^2}$$

对于有界地层，在一定的供气范围内，气井定产量生产一较长时间后，层内各点压力随时间的变化相同，不同时间的压力分布曲线随时间变化互成一组平行的曲线。考虑拟稳态流动，类似地可以导出式（7.3），不过系数 A 变为：

$$A = \frac{3.684 \times 10^4 \, p_{sc} T \bar{\mu} \bar{Z}}{T_{sc} Kh} \left(\ln \frac{0.472 r_e}{r_w} + S \right)$$

对比稳态和拟稳态系数 A，发现两者相差系数 $\ln 0.472 = -0.75$。

A 和 B 通过产能试井来确定，一般改变至少 3 个测试流量序列，通过下列方程：

$$\frac{\Delta p^2}{q_{sc}} = A + Bq_{sc} \qquad (7.5)$$

采用回归方法计算 A 和 B 值。

如采用拟压力 ψ，二项式产能方程的表达式为：

$$\psi - \psi_{wf} = Aq_{sc} + Bq_{sc}^2 \qquad (7.6)$$

从式（7.5）的导出原理可以看出，二项式产能方程适用于径向流。

根据产能方程的系数 A 和 B，可以计算地层参数，如渗透率、紊流系数等。

从式（7.4）求出气井最大无阻流量为：

$$q_{\text{AOF}} = \frac{-A + \sqrt{A^2 + 4B(p_r^2 - 0.101325^2)}}{2B} \tag{7.7}$$

7.3.2 不稳态流动的气井产能方程

气井的产能试井在很多情况下不能达到稳态和拟稳态，例如低渗透气藏等时试井和修正的等时试井，即使关井序列采用较长的时间，也不能达到稳态。此时应用不稳态试井理论，可以导出产能方程的系数。

当井筒储集效应消失，流动进入半对数径向流阶段，其井底压力动态反映为：

$$p_{\text{wD}} = \frac{1}{2}\left(\ln\frac{t_D}{C_D} + 0.80907 + \ln C_D e^{2S_t} \right)$$

其中

$$S_t = S + Dq_g$$

利用压力平方形式，采用 SI 实用单位有：

$$p_R{}^2 - p_{\text{wf}}{}^2 = \frac{4.242 \times 10^4 \mu \overline{\mu} z T p_{\text{sc}} q_g}{K h T_{\text{sc}}}\left(\lg\frac{8.085 K t}{\phi \overline{\mu} \overline{C}_t r_{\text{w}}{}^2} + 0.87 S + 0.87 D q_g \right) \tag{7.8}$$

其中

$$m = 4.242 \times 10^4 \, \overline{\mu} \, \overline{z} T p_{\text{sc}} / K h T_{\text{sc}}$$

$$A_t = m\left(\lg\frac{8.085 K t}{\phi \overline{\mu} \overline{C}_t r_{\text{w}}{}^2} + 0.87 S \right)$$

$$B = 0.87 D$$

则式（7.8）简化为：

$$p_R{}^2 - p_{\text{wf}}{}^2 = A_t q_g + B q_g{}^2 \tag{7.9}$$

由式（7.9）可知，A_t 是时间的函数，而 B 与时间无关。这样就保证了不同产量在相同生产时间具有相等的 A_t 值，即在不稳定产能分析图上表现为一条直线。

若有恒压边界，则当 $t_D > 1.0 r_{\text{eD}}{}^2$ 时，气井的流动达到稳定状态，则得到稳态产能方程。对于封闭边界，当 $t_D > 0.25 r_{eD}{}^2$ 时，气井的流动达到拟稳态，则得到拟稳态产能方程。由其推导过程可知，要想获得气井的稳定产能方程，必须使气井的流动达到拟稳态。

由上述可知，气井二项式产能方程的获得是以均质油藏为基础，并未考虑到边界及地层非均质的影响。

7.4 异常高压气藏产能评价实例

截至 2012 年 12 月底，克拉 2 气田先后进行了 28 井次的回压试井产能测试，其中井底测试共有 16 次，2007—2009 年均未进行产能测试，其中有 7 口井（KL2−1 井、KL2−5 井、KL2−8 井、KL2−10 井、KL2−12 井、KL2−13 井、KL205 井）进行过 2 次以上产能测试。综合利用生产动态资料及产能测试资料建立单井产能方法，评价无阻流量，研究气井产能变化规律和影响因素。并进一步评价单井合理产能及单井合理生产压差，为单井配产提供依据。

考虑到二项式产能方程的理论依据较强，因此拟采用二项式产能方程计算无阻流量。但由于回压试井过程中产量及压力不稳定，导致压力平方形式及拟压力形式的二项式计算无阻流量产能曲线反向（图 7.8、图 7.9），针对这个问题，提出了多元线性回归的方法以及考虑应力敏感的气井产能系数预测法，对克拉 2 气田各井的无阻流量进行计算，并建立了产能方程。

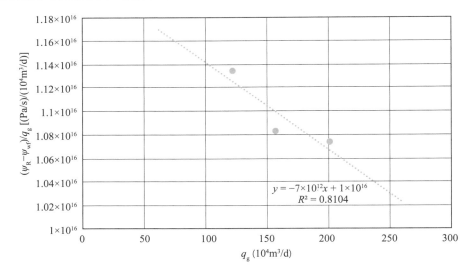

图 7.8　克拉 2−1 井 2011 年 5 月二项式产能曲线

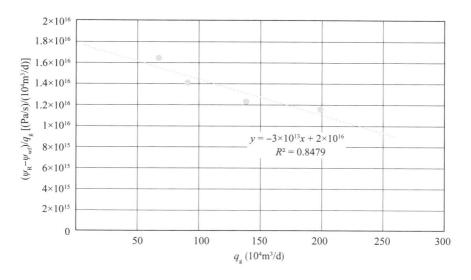

图 7.9　克拉 2-1 井 2012 年 8 月二项式产能曲线

7.4.1　产能试井资料整理方法

7.4.1.1　两种产能方程

目前常用的产能方程有两种，即：指数方程，又称"简单分析"；二项式方程，又称"层流、惯性－湍流分析"或"LIT 分析"。

以下用压力平方表达式对产能方程进行讨论。

（1）指数式产能方程分析。

Rawlins 和 Schellhardt 于 1936 年经过大量的现场观察，根据经验提出了产量与压差的关系式：

$$q_g = C \left(p_R^2 - p_{wf}^2 \right)^n \tag{7.10}$$

$$\Delta p^2 = p_R^2 - p_{wf}^2$$

式中　q_g——产气量，$10^4 \mathrm{m}^3/\mathrm{d}$；

　　　p_R——地层压力，MPa；

　　　p_{wf}——井底流动压力，MPa；

　　　C——产能方程系数，$(10^4 \mathrm{m}^3/\mathrm{d})/(\mathrm{MPa}^2)^n$；

　　　n——产能方程指数，为 0.5 ~ 1.0 的小数。

把式（7.10）等号两边取对数，则有：

$$\lg q_{\text{g}} = n \lg (\Delta p^2) + \lg C \tag{7.11}$$

从式（7.11）可以看到，如果把产气量 q_{g} 和压力平方差 Δp^2 画在对数坐标中，则可得到一条直线，直线的斜率为 n，截距为 $\lg C$。

通过分析可以得到表示为式（7.11）的产能方程。当令 p_{wf}=0.101MPa 时，则有 $\Delta p^2 = p_{\text{R}}^2 - 0.101^2$，代入方程可以计算无阻流量 q_{AOF}。

即：

$$q_{\text{AOF}} = C (p_{\text{R}}^2 - 0.101^2)^n \tag{7.12}$$

（2）二项式产能方程分析。

除北美洲以外，其他多数地区都较侧重于使用二项式方程分析产能。二项式方程又可称之为 LIT 分析，即"层流、惯性—湍流分析"（Laminar － inertial － turbulent flow analysis）。这是由 Forchheimer 和 Houpeurt 提出来的，是一种根据流动方程的解，经过较为严格的理论推导而得出的产能方程。具体表示为：

$$p_{\text{R}}^2 - p_{\text{wf}}^2 = A q_{\text{g}} + B q_{\text{g}}^2 \tag{7.13}$$

二项式产能方程建立之后，同样可以令 p_{wf}=0.101MPa，即 $\Delta p^2 = \Delta p_{\max}^2$，代入式（7.13），得到无阻流量值。

$$q_{\text{AOF}} = \frac{-A + \sqrt{A^2 + 4B\Delta p_{\max}^2}}{2B} \tag{7.14}$$

由于二项式产能方程是从渗流力学方程推导而来，它对不同地层的适用性及准确程度要高一些；相反，指数方程式只是一种经验公式，准确程度相对较差。

7.4.1.2　不同压力表达形式下的产能方程

Al－Hussainy 于 1965 年定义了气体的拟压力 Ψ（Pseudo－Pressure）。在拟压力 Ψ 表达下，可以使气体的渗流方程适用于整个的压力变化范围。在描述气体流动过程中，最恰当的压力表示形式为拟压力 Ψ。拟压力的表示式为：

$$\psi = \int_{p_0}^{p} \frac{2p}{\mu Z} \mathrm{d}p \tag{7.15}$$

在拟压力表示式下，指数式产能方程表示为：

$$q_{\text{g}} = C_\psi (\psi_{\text{R}} - \psi_{\text{wf}})^n \tag{7.16}$$

而二项式产能方程拟压力表示式为：

$$\psi_R - \psi_{wf} = A_\psi q_g + B_\psi q_g{}^2 \tag{7.17}$$

通过对拟压力表达式（7.15）的分析，可以得到简化的压力和压力平方表达式。

假定 μZ 值为常数，即 $\mu Z = \mu_0 Z_0$。μ_0、Z_0 为某种初始条件下的黏度和偏差系数。则公式（7.18）可以改写为：

$$\begin{aligned}\psi &= 2\int_{p_0}^{p} \frac{p}{\mu Z}dp \\ &= \frac{2}{\mu_0 Z_0}\int_{p_0}^{p} p\,dp \\ &= \frac{1}{\mu_0 Z_0}(p^2 - p_0^2)\end{aligned} \tag{7.18}$$

如果假定 $\frac{p}{\mu Z}$ 为常数，则有 $\frac{p}{\mu Z} = \frac{p_0}{\mu_0 Z_0}$。式中 p_0，μ_0 和 Z_0 均为某一初始条件下的值。此时式（7.15）可以改写为：

$$\begin{aligned}\psi &= \frac{2p_0}{\mu_0 Z_0}\int_{p_0}^{p} dp \\ &= \frac{2p_0}{\mu_0 Z_0}(p - p)\end{aligned} \tag{7.19}$$

综上所述，产能方程在不同的压力表达形式下，具体的表达式归纳如下。

（1）指数式产能方程：

拟压力形式

$$q_g = C_\psi(\psi_R - \psi_{wf})^n \tag{7.20}$$

压力平方形式

$$q_g = C_2(p_R{}^2 - p_{wf}{}^2)^n \tag{7.21}$$

压力形式

$$q_g = C_1(p_R - p_{wf})^n \tag{7.22}$$

（2）二项式产能方程：

拟压力形式

$$\psi_R - \psi_{wf} = A_\psi q_g + B_\psi q_g{}^2 \tag{7.23}$$

压力平方形式

$$p_R{}^2 - p_{wf}{}^2 = A_2 q_g + B_2 q_g{}^2 \tag{7.24}$$

压力形式

$$p_R - p_{wf} = A_1 q_g + B_1 q_g{}^2 \tag{7.25}$$

7.4.1.3 克拉 2 气田拟压力近似形式的选取

截至 2012 年 12 月，克拉 2 气田总共搜集到 PVT 测试资料 51 井次，选取最近的一次 PVT 测试资料（KL2-2 井 2008 年 6 月）进行分析，评价克拉 2 气田无阻流量计算中拟压力的近似形式。

KL2 井于 2008 年 5 月 27 日在井口取得气样 2 支，共 40000mL，进行 PVT 分析。地层压力 74.35MPa，地层温度 100.0℃。根据原始井流物组成，进行了全组分相图包络线计算和恒质量膨胀计算，得到地层流体相态图（图 7.10），图 7.10 中临界压力为 4.89MPa，临界温度为 −79.8℃；地层温度远离相包络线右侧。KL2-2 井的井流物分类组成见表 7.1：C_1+N_2 为 98.82%，C_2—C_6+CO_2 为 1.17%，C_{7+} 为 0.01%，气体相对密度为 0.566，具有典型干气藏组成的特征。

表 7.1　KL2-2 井井流物组分组成

组分	井流物	
	摩尔分数（%）	含量（g/m³）
二氧化碳	0.580	—
氮气	0.643	—
甲烷	98.184	—
乙烷	0.525	6.563
丙烷	0.033	0.605
异丁烷	0.006	0.145
正丁烷	0.009	0.217
异戊烷	0.003	0.090
正戊烷	0.004	0.120
己烷	0.005	0.175
庚烷	0.005	0.200
辛烷	0.024	1.068
壬烷	—	—
癸烷	—	—
十一烷以上	—	—

注：天然气分子量 16.41，相对密度 0.566。

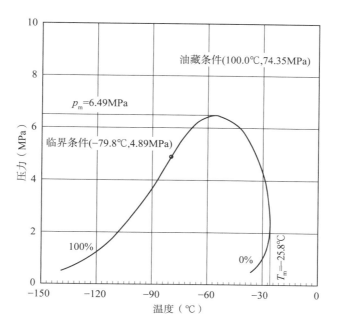

图 7.10 KL2-2 井地层流体相态图

（1）偏差因子的计算。

对于异常高压气藏的开发，偏差因子的确定十分重要。自从 Standing 和 Katz 于 1941 年发表确定气体偏差因子图版后，国内外许多学者都提出了拟合该图版的方法。目前，常用的方法有 Papay 方法、Cranmer 方法、Dranchuk-Puruls-Robinson 方法、Dranchuk-Abu-Kassem 方法、Brill-Beggs 方法、Hall-Yarbough 方法、Hankinson-Thomas-Phillips 方法。针对克拉 2 异常高压气藏，应用灰关联法优选，通过关联度比较选择使用 Brill-Beggs 方法进行偏差因子的计算。

用 Brill-Beggs 方法计算偏差因子的公式为：

$$Z = A + \frac{1-A}{e^B} + C p_{pr}^D \qquad （7.26）$$

其中

$$A = 1.39 \left(T_{pr} - 0.92 \right)^{0.5} - 0.36 T_{pr} - 0.101$$

$$B = \left(0.62 - 0.23 T_{pr} \right) p_{pr} + \left(\frac{0.066}{T_{pr} - 0.86} - 0.037 \right) p_{pr}^2 + \frac{0.32}{10^{9(T_{pr}-1)}} p_{pr}^6$$

$$C = 0.132 - 0.32 \lg T_{pr}$$

$$D = 10^{\left(0.3106 - 0.497 T_{pr} + 0.1824 T_{pr}^2 \right)}$$

计算结果如图 7.11 所示，从图中可以看出，在压力较低的情况下，气体的偏差因子先下降，随着压力的增大，偏差因子后期逐渐升高。

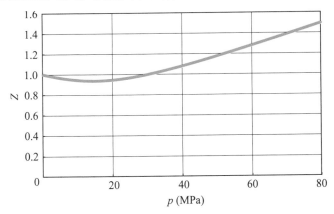

图 7.11　克拉 2 气田压力与偏差因子的关系

（2）气体黏度的计算。

确定气体黏度唯一精确的方法是实验方法。然而，应用实验方法确定黏度较困难，而且时间很长。通常是应用与黏度有关的经验公式来确定。

高温高压下天然气的黏度的计算，普遍应用 Carr、Kobayshi 和 Burrows 发表的图版，但由于实验考虑因素的单一性以及主观读数带来的误差，使得图版法预测天然气黏度不仅麻烦，而且误差也较大，因此不推荐使用。状态方程法是基于 p—V—T 和 T—μ—p 图形的相似性，结合立方型状态方程，建立一个能够预测气体黏度的解析模型。经验公式法是建立在常规气体黏度的经验预测方法的基础上，通过拟合黏度实验图版，对常规气体黏度进行校正后得到黏度值。

本次计算天然气黏度主要采用经验公式计算法，我们已经知道黏度是温度、压力、密度和组成的函数，而密度是压力、温度和组成的函数，通过已经得到的黏度和密度之间的关系式，就可以建立经验公式。比较有代表性的有：Lohrenz–Bray–Clark（LBC）模型、Dean–Stiel（DS）模型、Lee–Gonzalez–Eakin（LGE）模型和 Lucas 模型。从以往实验及文献调研研究可以看出，在诸多黏度计算模型中，LGE 方法计算的黏度绝对平均误差最小，结果最为理想，Lucas 方法次之。因此，本次计算选用 LGE 模型来预测克拉 2 气田天然气的黏度。

1966 年，Lee 和 Gonzalez 等根据 8 个天然气样品，在温度 37.8 ~ 171.2℃和压力 0.01013 ~ 55.1850MPa 条件下，进行黏度和密度试验测定，利用测定的数据得到了相关经验公式（7.27）：

$$\mu_{\mathrm{g}} = 10^{-4} K \mathrm{e}^{X\rho_{\mathrm{g}}^{Y}}$$

（7.27）

其中

$$K = \frac{\left(9.379 + 0.01607 M_{\mathrm{g}}\right)\left(1.8T\right)^{1.5}}{209.2 + 19.26 M_{\mathrm{g}} + 1.8T}$$

$$X = 3.448 + \frac{986.4}{1.8T} + 0.01009 M_{\mathrm{g}}$$

$$Y = 2.447 - 0.2224X$$

计算结果如图 7.12 所示，可以看出在压力较低时气体黏度基本不变为一常数，随着压力的升高，气体黏度逐渐增大。

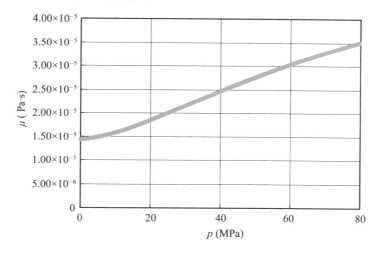

图 7.12　克拉 2 气田压力与天然气黏度的关系曲线

由上文的分析可知，如果 μZ 值为常数值，拟压力可以选择使用压力平方的形式近似计算；如果（$\frac{p}{\mu Z}$）为常数值，拟压力就可以使用压力的形式近似计算，从而简化产能评价的流程。

（3）μZ 与压力的关系。

利用黏度计算结果和偏差因子计算结果，可得压力与 μZ 的关系（图 7.13），可以看出，在压力较低的阶段，μZ 近似为常数，随着压力的升高，μZ 的值也逐渐增大。目前，克拉 2 气田地层压力大于 50MPa，所以从压力与 μZ 的关系可知，克拉 2 气田目前产能测试资料处理中，不可使用压力平方的形式来近似代表拟压力。

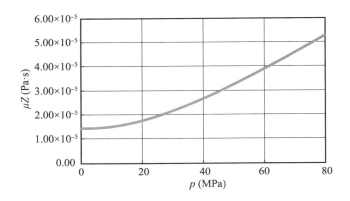

图 7.13 克拉 2 气田压力与 μZ 的关系（KL2-2 井 2008 年测试资料）

（4）$\dfrac{p}{\mu Z}$ 与压力的关系。

利用黏度计算结果和偏差因子计算结果，可得压力与 $\dfrac{p}{\mu Z}$ 的关系，如图 7.14 所示。

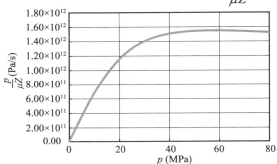

图 7.14 克拉 2 气田压力与 $\dfrac{p}{\mu Z}$ 的关系（KL2-2 井 2008 年测试资料）

从图 7.14 中可以看出，在压力较高的阶段（大于 40MPa），$\dfrac{p}{\mu Z}$ 随着压力似乎是近似常数；但是，当将图 7.14 局部放大后，如图 7.15 所示。

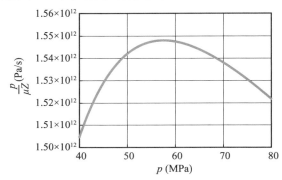

图 7.15 克拉 2 气田压力与 $\dfrac{p}{\mu Z}$ 的关系局部放大图

从图 7.15 可以看出，当压力大于 40MPa 后，随着压力的升高，$\dfrac{p}{\mu Z}$ 先逐渐增大，后期呈下降的趋势。并非为一常数，所以在克拉 2 气田目前产能测试资料处理中，也不可使用压力的形式来近似代表拟压力从而简化计算。

综上所述，考虑目前克拉 2 气田的地层压力以及气体性质，在产能计算中不能使用压力平方或者压力近似替代拟压力，产能方程必须采用拟压力形式的产能方程。

7.4.2 克拉 2 气田产能及变化特征

（1）克拉 2 气田单井稳定试井产能评价方法。

以 KL2-10 井 2011 年产能实测资料为例说明克拉 2 气田单井产能评价方法。

KL2-10 井是位于库车坳陷北部克拉苏构造带克拉苏 2 号构造东高点东部的一口开发井，位于位于新疆拜城县北东约 54km、克拉 204 井南西西约 1.3km 处。该井于 2005 年 4 月 30 日开钻，2005 年 9 月 8 日完钻。该井射孔井段为 3641 ~ 3675m，3682 ~ 3706m，3713 ~ 3731m 和 3737m ~ 3755m，2011 年 9 月 14 日 KL2-10 井进行产能测试。

本次稳定试井采用由小到大 $80 \times 10^4 \text{m}^3/\text{d}$，$120 \times 10^4 \text{m}^3/\text{d}$ 和 $160 \times 10^4 \text{m}^3/\text{d}$ 等 3 个工作制度进行，每个工作制度生产 24h，测试过程如图 7.16 所示。

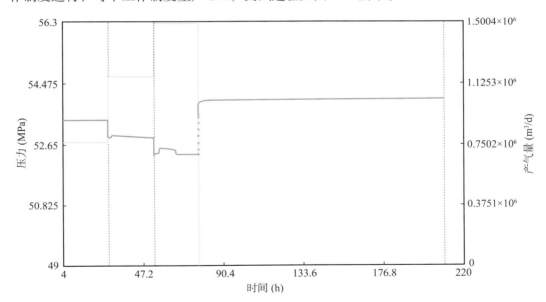

图 7.16　KL2-10 井 2011 年 9 月产能测试期产量、压力历史图

稳定试井期间压力、产量数据情况见表 7.2。

表 7.2　KL2–10 井 2011 年稳定试井测试数据整理表

测试序列	地层压力（MPa）	井底流压（MPa）	实际测试产量（$10^4 m^3/d$）	生产压差（MPa）
1		53.4638	78.69	0.74
2	54.2023	52.9558	117.62	1.25
3		52.4249	151.78	1.78

注：测点压力均折算至中深 3764m。

基于以上测试数据，分别使用 3 种不同压力表达形式求取 KL2–10 井的二项式产能方程和指数式产能方程，见表 7.3、图 7.17 至图 7.22。

表 7.3　KL2–10 井 2011 年稳定试井产能方程

方程形式	压力形式	产能方程	无阻流量（$10^4 m^3/d$）
二项式	拟压力	$\psi_R - \psi_{wf} = 21.187q + 0.0098q^2$	1022.23
	压力平方	$p_R^2 - p_{wf}^2 = 0.753537q + 0.003258q^2$	840.966
	压力	$p_R - p_{wf} = 0.753537q + 0.003258q^2$	1234.06
指数式	拟压力	$q = 0.2397 \times \left(\psi_R - \psi_{wf}\right)^{0.7499}$	1579.44
	压力平方	$q = 99.0063 \times \left(p_R^2 - p_{wf}^2\right)^{0.749}$	1972.50
	压力	$q = 99.0063 \times \left(p_R - p_{wf}\right)^{0.7497}$	1216.35

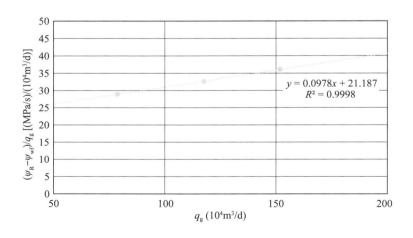

图 7.17　拟压力形式的二项式产能曲线

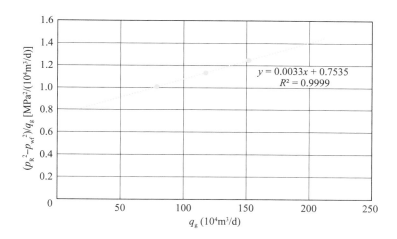

图 7.18　压力平方形式的二项式产能曲线

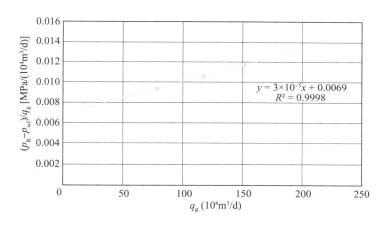

图 7.19　压力形式的二项式产能曲线

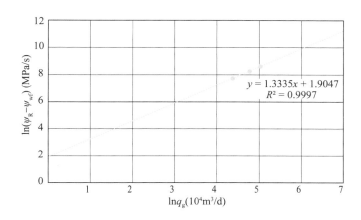

图 7.20　拟压力形式的指数式产能曲线

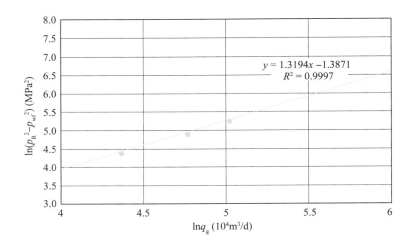

图 7.21　压力平方形式的指数式产能曲线

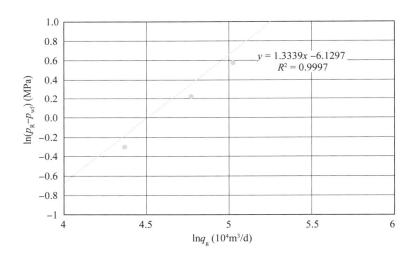

图 7.22　压力形式的指数式产能曲线

从以上分析可以看出：KL2—10 井白垩系储层总有效厚度 220m，射开有效厚度 95m，打开程度 47.5%，但是储层内部隔夹层不发育，储层基本全部动用，对比不同压力形式下的产能评价结果，可以看出在二项式产能方程中，压力平方形式的产能方程评价结果与拟压力形式的产能评价结果相差 17.73%，而压力形式的产能方程评价结果与拟压力形式的产能评价结果相差 20.72%，误差很大；在指数式产能方程中，压力平方形式的产能方程评价结果与拟压力形式的产能评价结果相差 24.89%，而压力形式的产能方程评价结果与拟压力形式的产能评价结果相差 22.99%，误差也非常大。因此，结合前文理论分析，在克拉 2 气田产能评价中不能使用拟压力的近似形式，必须使用拟压力产能方程。考虑二项式产能方程的理论依据较强，因此无阻流量选值采用拟压力形式的二项式产能方程计算结果，无阻流量为 $1022.23 \times 10^4 \mathrm{m}^3/\mathrm{d}$，产能很高。

（2）克拉 2 气田考虑应力敏感的产能预测方法。

①地层压力下降对产能方程的影响。通过产能试井建立的二项式产能方式表达式为：

$$\psi_R - \psi_{wf} = Aq_g + Bq_g^2 \tag{7.28}$$

其中

$$A = \frac{p_{sc}T(\ln\frac{r_e}{r_w} + S)}{K\pi h T_{sc}}$$

$$B = \frac{\beta p_{sc}^2 M \gamma_g T}{2\pi^2 h^2 \mu T_{sc}^2 r_e}\left(\frac{1}{r_w} - \frac{1}{r_e}\right)$$

$$\beta = \frac{1.471 \times 10^{11}}{K^{1.3878}}$$

对于某实测产能试井情况的对应地层压力下建立单井产能方程为：

$$\psi_{R1} - \psi_{wf1} = A_1 q_{g1} + B_1 q_{g1}^2 \tag{7.29}$$

对于未来某个地层压力下对应的产能方程为：

$$\psi_{R2} - \psi_{wf2} = A_2 q_{g2} + B_2 q_{g2}^2 \tag{7.30}$$

假设气井在开采过程中，如果没有重大措施，A、B 表达式中的 h、T、r_e、r_w、S 等参数认为保持不变，发生变化的是 K、β、μ。由 A、B 关系式可以得到如下相对关系式：

$$A_2 = \frac{K_1}{K_2}A_1$$

$$B_2 = \frac{\beta_2 \mu_1}{\beta_1 \mu_2}B_1 = \frac{K_1^{1.3878} \mu_1}{K_2^{1.3878} \mu_2}B_1$$

因此，只要确定了 K 和 μ 随压力的变化关系，便可以通过 A_1 和 B_1 求得 A_2 和 B_2，从而建立未来某个地层压力下的产能方法，即可预测某个地层压力下的产能。根据 KL2−2 井 PVT 实验数据建立了压力与黏度的关系（图 7.23），通过覆压实验确定了地

层压力与渗透率 K 的关系（图 7.24）。

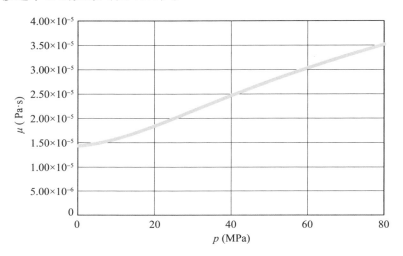

图 7.23 黏度随压力变化趋势

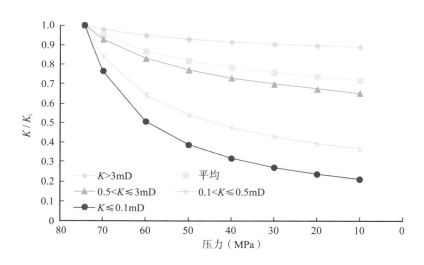

图 7.24 渗透率 K 随压力变化趋势

因此，对于没有实测产能测试资料的井，便可以采用考虑岩石变形的气井拟压力形式的产能系数预测法进行不同地层压力下的产能预测。

②预测方法的验证。选择 2010 年至 2012 年 4 口有 6 次测试资料的井对该方法进行验证（表 7.4），可以看出，利用第一次测试方程预测的计算结果与实测结果相差不大，说明此方法是可靠的。

表 7.4 克拉 2 气田考虑岩石变形的产能系数预测法准确性对比表

井号	测试日期	无阻流量（$10^4\text{m}^3/\text{d}$）			地层压力（MPa）	A	B
		实测值	计算值	差值			
KL2−5	2011	1253.59			54.15	6.964×10^{16}	2.335×10^{13}
	2012	770.17	1178.09	407.92	51.55	4.431×10^{16}	1.379×10^{14}
KL205	2010	714.65			54.44	6.761×10^{16}	1.499×10^{14}
	2012	624.74	669.93	45.20	51.37	4.89×10^{16}	2.158×10^{14}
KL2−8	2011	1606.94			53.56	3.142×10^{15}	4.534×10^{13}
	2012	1841.39	1548.73	−292.66	51.65	1.294×10^{16}	2.726×10^{13}
KL2−10	2010	1434.50			55.86	2.91×10^{16}	4.254×10^{13}
	2012	1020.87	1387.80	366.93	54.20	2.127×10^{16}	9.828×10^{13}
KL2−12	2011	1193.83			54.56	6.883×10^{16}	3.023×10^{13}
	2012	444.29	1127.33	683.04	52.08	1.315×10^{17}	2.997×10^{14}
KL2−13	2011	486.81			54.67	2.896×10^{16}	4.638×10^{14}
	2012	325.78	470.63	354	52.57	1.215×10^{17}	7.489×10^{14}

（3）不关井回压试井法。

①不关井回压试井计算方法。不关井回压试井法与气井稳定试井基本相似，不需关井，在气井生产过程中，只需连续测 3 个以上不同的产气量和与之相对应的 p_{wf} 或 p_{tf}, 从而获取产能方程。

$$\begin{cases} \psi_{\text{R1}} - \psi_{\text{wf1}} = Aq_1 + Bq_1^2 \\ \psi_{\text{R2}} - \psi_{\text{wf2}} = Aq_2 + Bq_2^2 \\ \psi_{\text{R3}} - \psi_{\text{wf3}} = Aq_3 + Bq_3^2 \end{cases} \quad (7.31)$$

若 3 次测试连续进行，且持续时间较短，可以认为其地层压力基本一致：

$$p_{\text{R1}} = p_{\text{R2}} = p_{\text{R3}} = p_{\text{R}} \quad (7.32)$$

$$\begin{cases} \psi_{\text{R}} - \psi_{\text{wf1}} = Aq_1 + Bq_1^2 \\ \psi_{\text{R}} - \psi_{\text{wf2}} = Aq_1 + Bq_2^2 \\ \psi_{\text{R}} - \psi_{\text{wf3}} = Aq_3 + Bq_3^2 \end{cases} \quad (7.33)$$

对于式（7.33）中任一测点表达式都可以变形为如下形式：

$$\begin{cases} \dfrac{\psi_R}{q_1} - \dfrac{\psi_{wf1}}{q_1} = A + Bq_1 \\[2mm] \dfrac{\psi_R}{q_2} - \dfrac{\psi_{wf2}}{q_2} = A + Bq_2 \\[2mm] \dfrac{\psi_R}{q_3} - \dfrac{\psi_{wf3}}{q_3} = A + Bq_3 \end{cases} \quad (7.34)$$

式（7.34）中两两相减得：

$$\begin{cases} \dfrac{\psi_R}{q_1} - \dfrac{\psi_{wf1}}{q_1} - \left(\dfrac{\psi_R}{q_2} - \dfrac{\psi_{wf2}}{q_2}\right) = B(q_1 - q_2) \\[2mm] \dfrac{\psi_R}{q_2} - \dfrac{\psi_{wf2}}{q_2} - \left(\dfrac{\psi_R}{q_3} - \dfrac{\psi_{wf3}}{q_3}\right) = B(q_2 - q_3) \end{cases} \quad (7.35)$$

式（7.35）中两式消去 B，整理得：

$$\psi_R = \frac{\dfrac{\psi_{wf1}}{q_1} - \dfrac{\psi_{wf2}}{q_2} - \left(\dfrac{\psi_{wf2}}{q_2} - \dfrac{\psi_{wf3}}{q_3}\right)\left(\dfrac{q_1 - q_2}{q_2 - q_3}\right)}{\dfrac{1}{q_1} - \dfrac{1}{q_2} - \left(\dfrac{1}{q_2} - \dfrac{1}{q_3}\right)\left(\dfrac{q_1 - q_2}{q_2 - q_3}\right)} \quad (7.36)$$

根据式（7.36）两两相减可以得到：

$$\begin{cases} \psi_{wf1} - \psi_{wf2} = A(q_2 - q_1) + B(q_2^2 - q_1^2) \\ \psi_{wf1} - \psi_{wf3} = A(q_3 - q_1) + B(q_3^2 - q_1^2) \\ \psi_{wf2} - \psi_{wf3} = A(q_3 - q_2) + B(q_3^2 - q_2^2) \end{cases} \quad (7.37)$$

式（7.37）为二元一次方程组，根据三组流压、产量测试数据可以计算出二项式产能方程的系数 A 和 B。同时，结合式（7.36）得到的地层压力的拟压力，可以计算出此时刻单井的无阻流量，做出相应的产能曲线。此方法能有效地避免关井测试对产量造成影响，确保对单井产能进行及时的评价跟踪。

② KL2−4 井产能分析。以 KL2−4 井为例，表 7.5 所示为该井不同时间所选取的稳定压力、产量数据以及采用该数据评价的产能方程 A 和 B 系数及对应的无阻流量。图 7.25 为采用建立的产能方法求解该井的 IPR 曲线。

表 7.5　KL2-4 井产能方程计算表

时间	油压 （MPa）	日产量 （10⁴m³）	计算流压 （MPa）	地层压力 （MPa）	A	B	无阻流量 （10⁴m³/d）
2005.01	62.8	147.97	72.57	73.44	1.14×10^{16}	4.483×10^{13}	1900.2137
	62.38	199.3	72.12				
	61.89	249.85	71.6				
2006.06	58.46	352.88	67.72	72.78	3.273×10^{16}	3.221×10^{13}	1919.4748
	58.81	323.65	68.24				
	60.23	203.38	70.18				
2007.12	54.17	233.47	63.38	65.21	1.031×10^{16}	5.984×10^{13}	1542.056
	54.93	159.83	64.18				
	52.4	356.98	61.55				
2008.01	49.45	376.22	58.34	63.08	2.761×10^{16}	3.016×10^{13}	1830.6749
	52.8	103.47	62.05				
	51.83	203.94	60.86				
2010.04	46.16	233.59	55.86	56.83	4.946×10^{14}	5.282×10^{13}	1577.8327
	43.28	418.01	53.78				
	45.71	280.05	55.45				
2012.07	42.06	259.66	50.82	52.91	1.045×10^{16}	5.548×10^{13}	1380.3695
	42.65	219.79	51.3				
	42.64	171.68	51.8				

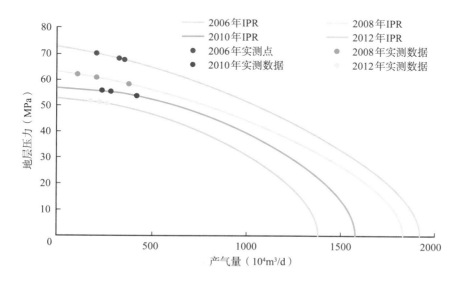

图 7.25　KL2-4 井不关井回压试井法 IPR 曲线

（4）单井产能方程及无阻流量。

通过综合实测资料、不关井回压试井法和考虑岩石变形的气井产能系数预测法建立了目前地层压力下单井的产能方程，并确定了目前单井无阻流量。2012 年 12 月，气藏总无阻流量为 $13776.13 \times 10^4 \mathrm{m}^3/\mathrm{d}$（表 7.6）。

表 7.6　克拉 2 气田单井产能方程及无阻流量统计表（2012 年 12 月）

井号	产能方程系数		无阻流量（$10^4\mathrm{m}^3/\mathrm{d}$）	备注
	A	B		
KL203	4.45×10^{17}	1.12×10^{16}	85.13	产能系数预测
KL205	4.89×10^{16}	2.16×10^{14}	624.74	多元线性回归
KL2−1	1.91×10^{16}	2.62×10^{13}	1782.09	产能系数预测
KL2−2	9.56×10^{16}	3.24×10^{13}	931.55	产能系数预测
KL2−3	2.93×10^{16}	3.58×10^{13}	1454.48	产能系数预测
KL2−4	3.58×10^{16}	6.80×10^{13}	1079.52	产能系数预测
KL2−5	4.43×10^{16}	1.38×10^{14}	770.17	回压试井
KL2−6	1.62×10^{17}	2.24×10^{13}	664.80	产能系数预测
KL2−7	2.51×10^{16}	5.27×10^{13}	1275.14	产能系数预测
KL2−8	4.95×10^{16}	6.20×10^{13}	1042.88	产能系数预测
KL2−9	4.20×10^{16}	8.12×10^{14}	361.32	产能系数预测
KL2−10	2.14×10^{16}	1.01×10^{14}	982.71	产能系数预测
KL2−11	5.00×10^{16}	3.98×10^{13}	1210.51	产能系数预测
KL2−12	1.31×10^{17}	3.00×10^{14}	444.29	回压试井
KL2−13	1.06×10^{17}	9.49×10^{14}	302.75	回压试井
KL2−14	1.52×10^{18}	1.80×10^{16}	49.41	回压试井
KL2−15	6.76×10^{16}	1.5×10^{14}	714.65	回压试井
合计			13776.13	

7.4.3　产能影响因素分析

（1）未见水井产能影响因素分析。

对未见水井，以 KL205 井为例研究其产能变化规律。KL205 井位于库车坳陷北部克拉苏构造带克拉苏 2 号构造西北翼，位于新疆拜城县北东方向约 50km、KL201 井西 2.5km。该井射孔井段为 3789.0 ～ 3849.5m，3851.5 ～ 3864.5m，3866.5 ～ 3952.5m 和 4026 ～ 4029.5m，其中 3789.0 ～ 3952.0m 为目的层，厚度 159m。

于 2012 年 8 月进行回压试井，先后采用 $29.67 \times 10^4 \mathrm{m}^3/\mathrm{d}$，$46.22 \times 10^4 \mathrm{m}^3/\mathrm{d}$，$69.89 \times 104 \mathrm{m}^3/\mathrm{d}$ 和 $106.98 \times 10^4 \mathrm{m}^3/\mathrm{d}$ 4 个工作制度进行生产，每个制度测试约 24h。表 7.7 为该井投产初期及 2012 年 8 月的产能方程及无阻流量（图 7.26 和图 7.27）。由结果可

以看出，该井 2012 年 8 月无阻流量降幅在 30% 左右，其中应力敏感影响在 3% 左右。

表 7.7 KL205 井不同时间，不同方法产能评价结果

项目	产能方程	无阻流量（$10^4 \text{m}^3/\text{d}$）	比初期降低量（%）
投产初期	$\psi_R-\psi_{wf}=6.98\times10^{16}q+1.34\times10^{14}q^2$	945.28	
目前预计（不考虑应力敏感）	$\psi_R-\psi_{wf}=6.98\times10^{16}q+1.63\times10^{14}q^2$	687.55	27.27
2012 年 8 月预计（考虑应力敏感）	$\psi_R-\psi_{wf}=7.43\times10^{16}q+1.77\times10^{14}q^2$	655.65	30.64
2012 年 8 月实测	$\psi_R-\psi_{wf}=4.98\times10^{16}q+2.16\times10^{14}q^2$	624.74	33.91

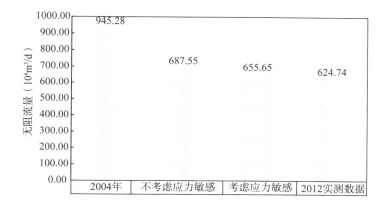

图 7.26 KL205 井不同时间，不同方法评价无阻流量对比图

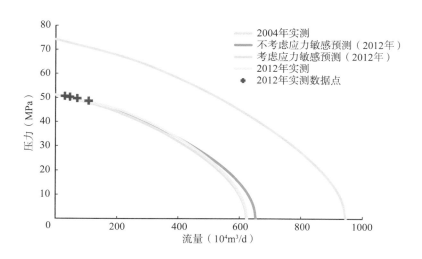

图 7.27 KL205 井历次产能测试 IPR 变化

（2）见水井产能影响因素分析。

由考虑岩石变形的气井产能系数预测可知，未见水井产能变化的主要影响因素是压力下降和渗透率的变化，而见水井的产能影响因素则主要是水。

实测资料显示，气井见水对产能影响非常大，见水后井筒损耗增加，油压下降幅度加快，产能降低明显。KL204 井已经水淹。

对见水井产能变化的分析，以 KL2-13 井为例说明不同因素对产能的影响。KL2-13 井是库车坳陷北部克拉苏构造带、克拉 2 号构造西高点的一口开发井，位于新疆拜城县北约 54km，KL2-8 井南约 530m 处。该井于 2004 年 5 月 14 日开钻，2004 年 10 月 29 日完钻。射孔井段 E 层该井射孔井段为 3765 ~ 3865m 和 3896 ~ 3925m，目的层为 3765 ~ 3925m，厚度 160m。

KL2-13 井产能系数预测法结果及实测结果见表 7.8，其对应的无阻流量和 IPR 曲线如图 7.28 和图 7.29 所示。由结果对比看出，目前 KL2-13 井产能比初始时产能约降低 73.45%，其中见水是产能降低的主要影响因素，对产能影响占 41.77% 以上，压力的降低占 28.87%，由于压力敏感导致的渗透率变化的影响只占了 2.81% 左右。

表 7.8　KL2-13 井不同时间, 不同方法产能评价结果

项目	产能方程	无阻流量 （$10^4 m^3/d$）	比初期降低量 （%）
投产初期	$\psi_R - \psi_{wf} = 1.20 \times 10^{17} q + 2.85 \times 10^{13} q^2$	1140.27	0
目前预计 （不考虑应力敏感）	$\psi_R - \psi_{wf} = 1.20 \times 10^{17} q + 3.31 \times 10^{13} q^2$	811.07	28.87
目前预计 （考虑应力敏感）	$\psi_R - \psi_{wf} = 1.25 \times 10^{17} q + 3.52 \times 10^{13} q^2$	779.02	31.68
目前实测	$\psi_R - \psi_{wf} = 1.06 \times 10^{17} q + 9.49 \times 10^{13} q^2$	302.75	73.45

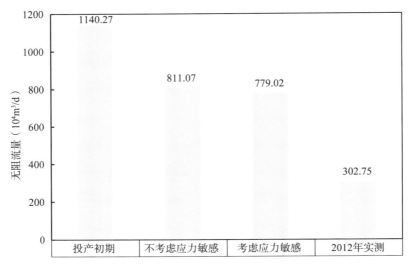

图 7.28　KL2-13 井不同时间和不同方法计算无阻流量

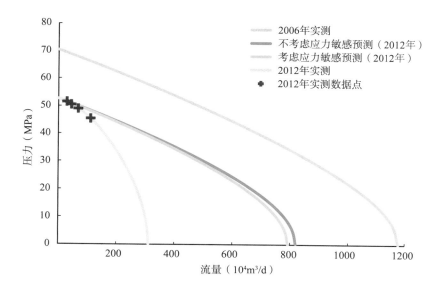

图 7.29 KL2-13 井不同时间和不同方法计算 IPR 曲线

8 合理开发技术界限及稳产对策

8.1 气藏采收率的确定方法

气体的流动性大，采收率很高，所以，长期以来没有系统研究气田气体采收率问题，直到 30 ~ 40 年前，才逐年重视这个问题，但与油田相比，目前还研究得很不充分，有许多问题需要解决，这方面的工作主要从两方面进行：

（1）开展对水驱气的剩余气饱和度研究和对凝析气藏提高凝析油采收率的研究。

（2）运用物质平衡法、产量递减法、类比法、数值模拟法、数理统计法等多种方法，对已开发完的或接近开发完的气藏进行采收率的分析研究，并对废弃压力确定方法加以研究。

目前气藏采收率研究方法比较多，根据 SY/T 6098—2010《天然气可采储量计算方法》可知：目前国内外广泛采用的方法主要有物质平衡法、产量递减法、数值模拟法、经验取值法、类比法、弹性二相法、水驱特征曲线法及综合地质因素法等 8 种方法，其适用条件、使用范围各有不同。

气藏采收率预测的准确程度除与所用资料数据的可靠性有关外，还与是否根据气藏类型、开发阶段选用了合理的方法有关。

8.2 气藏废弃条件研究

可采储量是确定采收率的必要数据，它定义为在现有技术和经济条件下，能从储气层中采出的那一部分储量。地质储量是指在地层原始条件下，具有储气能力的储层中天然气的总量，采收率就是指可采储量（或气藏累积产气量）占原始地质储量的百分数。

根据可采储量的定义可以看出，可采储量值是随技术和经济条件的改变而变化的，那么，怎样来标定可采储量呢？这是一个重要的问题，它是编制开发方案及地面工程建设的重要依据。每一个可采储量的终点对应的压力，我们称它为气层废弃压力，当生产天然气的经营成本接近或等于销售年收入时的气藏产气量，即为经济极限产量，废弃条件是由经济极限产量和废弃压力两个参数来确定。废弃条件包括废弃产量和废弃压力两个参数。

（1）井口废弃压力。

废弃压力是当气藏产气量递减到废弃产量时的压力。废弃压力有如下几种需考虑的终止极限：

①无增压情况下，自喷开采以井口流动压力等于输气压力为条件来计算废弃地层压力；

②增压开采情况下，以井口流动压力等于增压机吸入口压力为条件计算废弃地层压力；

③考虑增产措施（排液采气、排水采气二次开采等）后最终无法输气或无经济效益开采时的地层压力。

按照克拉 2 气田目前生产的实际情况（表 8.1），克拉 2 井口的最低外输压力为 10.69 ~ 11.10MPa，平均为 10.85MPa。

表 8.1　克拉 2 气田采气日报

井号	日产量			井口参数		
	气 （10^4m^3）	油 （t）	水 （m^3）	油压 （MPa）	套压 （MPa）	回压 （MPa）
KL203	28.74	0.25	1.34	31.04	10.86	10.82
KL205	34.67	0.30	0.88	40.78	0.02	10.79
KL2—1	162.55	1.40	4.15	41.66	29.48	10.98
KL2—2	170.44	1.47	4.35	41.78	27.83	10.87
KL2—3	85.63	0.74	2.18	41.28	13.09	10.77
KL2—4	128.90	1.11	3.29	41.35	10.86	10.74
KL2—5	82.27	0.71	2.10	40.67	24.03	10.72
KL2—6	139.53	1.20	3.56	41.34	27.51	10.74
KL2—7	119.82	1.03	3.06	41.40	16.99	10.69
KL2—8	89.30	0.77	2.28	40.85	26.03	10.80
KL2—9	41.00	0.35	1.05	40.07	23.52	10.81
KL2—10	47.51	0.41	1.21	41.69	1.02	11.10
KL2—11	55.42	0.48	1.41	41.55	6.12	11.02
KL2—12	28.54	0.25	2.42	39.54	5.24	10.76
KL2—13	0.00	0.00	0.00		4.54	
KL2—14	21.05	0.18	5.29	17.86	0.05	10.94
KL2—15	54.59	0.47	1.39	40.39	29.00	11.01

（2）井底废弃压力。

根据气井废弃产量，利用垂直管流法计算气井井底废弃压力，计算结果见表 8.2，气井井底废气压力为 13.11 ~ 15.69MPa，平均 14.11MPa。

表 8.2　克拉 2 气田单井井底废弃压力

井号	井筒直径 （mm）	产层中深 （m）	最小携液产量 （10⁴m³/d）	最低井口外输压力 （MPa）	井底废弃压力 （MPa）
KL2-1	177.8	3626.5	38.18	10.98	14.1586
KL2-2	177.8	3643	38.18	10.87	14.1791
KL2-3	88.9	3600	9.55	10.77	13.4428
KL2-4	177.8	3646	38.18	10.74	13.9634
KL2-5	177.8	3686.25	38.18	10.72	14.1733
KL2-6	177.8	3675	38.18	10.74	14.1963
KL2-7	177.8	3660.75	38.18	10.69	15.6895
KL2-8	177.8	3714.5	38.18	10.8	13.8441
KL2-9	114.3	3831.5	15.78	10.81	13.7163
KL2-10	88.9	3698	9.55	11.1	13.8731
KL2-11	88.9	3700	9.55	11.02	14.125
KL2-12	88.9	3760	9.55	10.76	14.4113
KL2-13	88.9	3845	9.55	10.85	14.2986
KL2-14	88.9	3769	9.55	10.94	14.0575
KL2-15	114.3	3663.75	15.78	11.01	13.1143
KL203	114.3	3807.5	15.78	10.82	14.3248
KL205	88.9	3870.75	7.96	10.79	14.3352

（3）地层废弃压力。

地层废弃压力是影响采收率的主要因素之一，由地质特征、开采方式和经济等方面综合确定，不同地区及不同类型气藏的废弃条件都会有所不同。克拉 2 气藏地层废弃压力主要利用克拉 2 气田当前的产能方程确定。

根据 2012 年产能评价结果，将克拉 2 气田单井废弃产量、井底废弃压力代入产能方程即可求得废弃地层压力，计算结果见表 8.3，从计算结果可知克拉 2 气田利用目前产能方程评价的废弃地层压力为 12.61 ~ 22.43MPa，平均 15.58MPa。

表 8.3 利用产能方程确定废弃地层压力

井号	地层深度 （m）	地层压力 （MPa）	无阻流量 （10⁴m³/d）	井底废弃压力 （MPa）	地层废弃压力 （MPa）
KL203	3807.5	53.49	85.13	14.1586	18.9139
KL205	3870.75	51.17	624.74	14.1791	14.5715
KL2−1	3626.5	52.01	1782.09	13.4428	14.5607
KL2−2	3643	51.94	931.55	13.9634	16.1027
KL2−3	3600	52.35	1454.48	14.1733	13.6071
KL2−4	3646	52.19	1079.52	14.1963	14.7199
KL2−5	3686.25	52.42	770.17	15.6895	15.1013
KL2−6	3675	52.14	664.80	13.8441	17.3597
KL2−7	3660.75	52.10	1275.14	13.7163	16.1809
KL2−8	3714.5	52.57	1042.88	13.8731	14.8826
KL2−9	3831.5	53.25	361.32	14.125	14.1671
KL2−10	3698	52.37	982.71	14.4113	13.9983
KL2−11	3700	52.53	1210.51	14.2986	14.3925
KL2−12	3760	52.58	444.29	14.0575	15.1177
KL2−13	3845	52.57	302.75	13.1143	14.9496
KL2−14	3769	54.64	49.41	14.3248	22.4345
KL2−15	3663.75	54.44	714.65	14.3352	13.7455

8.3　采收率的标定

（1）物质平衡法。

克拉 2 气田为背斜型气田，以砂岩储层为主，白云岩基质孔隙发育，流体性质为干气，故选取干气气田地质储量的容积法进行计算。计算公式：

$$G=0.01Ah\phi S_{gi}B_{gi} \tag{8.1}$$

式中　G——天然气地质储量，10^8m^3；

　　　　A——含气面积，km^2；

　　　　h——平均有效厚度，m；

ϕ——平均有效孔隙度，%；

S_{gi}——气藏平均含气饱和度；

B_{gi}——原始天然气体积系数。

重新计算克拉 2 气田天然气地质储量为 $2286.36 \times 10^8 m^3$（表 8.4），比探明时的 $2840.29 \times 10^8 m^3$ 减少了 $553.93 \times 10^8 m^3$。

表 8.4　克拉 2 气田探明地质储量计算表

计算单元	A（km^2）	h（m）	ϕ（%）	S_{gi}（%）	T（K）	p_i（MPa）	Z_i	储量 G（$10^8 m^3$）
E_{1-2km3}	44.75	4.33	13.13	85.83				84.8
E_{1-2km5}	39.97	6.82	10.01	66.19				70.14
$K_1bs_1^1$	38.82	40.04	12.79	66.13				510.55
$K_1bs_1^2$	32.71	33.31	13.61	68.35				393.62
$K_1bs_2^1$	27.38	44.5	15.37	73.58				535.12
$K_1bs_2^2$	22.87	41.81	14.45	71.85	373	74.361	1.489	385.53
$K_1bs_2^3$	18.55	29.56	12.95	68.54				189.01
$K_1bs_2^3$	13.38	5.11	7.76	59.58				12.28
$K_1bs_2^3$	11.78	26.57	10.21	68.49				85
$K_1bs_2^3$	4.29	9.6	6.2	60.54				6
K_1b	2.48	25.04	10.27	57.76				14.31
合　计								2286.36

注：G 为天然气地质储量，$10^8 m^3$；A 为含气面积，km^2；h 为平均有效厚度，m；ϕ 为平均有效孔隙度，%；S_{gi} 为气藏平均含气饱和度；B_{gi} 为原始天然气体积系数；T 为气藏温度，K；p_i 为原始地层压力，MPa；Z_i 为原始地层条件下的天然气偏差因子。

使用物质平衡方法计算的动态控制储量 $1859.84 \times 10^8 m^3$，以及利用当前产能方程评价的废弃平均地层压力 15.58MPa，可以计算出在地层压力达到废弃地层压力时的累计产气量为 $1601.01 \times 10^8 m^3$，所以根据现有资料可以确定克拉 2 气田的采收率为 70.02%。

（2）经验取值法。

根据 SY/T 6098—2010《天然气可采储量计算方法》，不同分类气藏的采收率范围经验值见表 8.5。结合克拉 2 气藏的地层水体活跃程度，以及目前的开采特征，可以将克拉 2 气藏归为水驱活跃气藏，因此，克拉 2 气田的采收率范围应为 40% ～ 60%。

表 8.5　不同分类气藏的采收率范围经验值

分类指标	地层水活跃程度	水侵替换系数 I	废弃相对压力 ψ_a	采收率值范围 E_R	地质开采特征
I（水驱）	I_a（活跃）	≥ 0.40	≥ 0.50	0.4 ~ 0.6	与气藏连通的边、底水可动水体大，能量大。一般开采初期（采收率 R < 20%）部分气井开始大量出水甚至水淹，气藏稳产期短，水侵特征曲线呈直线上升
	I_b（次活跃）	0.40 ~ 0.15	≥ 0.25	0.6 ~ 0.8	有较大的水体与气藏局部连通，能量相对较弱。一般开采中期发生局部水窜，至使部分气井出水，水侵特征曲线呈减速递增趋势
	I_c（不活跃）	< 0.15	≥ 0.05	0.7 ~ 0.9	可动水体积为有限，多为封闭型，开采中后期偶有个别井出水，或气藏根本不出水，水侵能量极弱，开采过程表现为弹性气驱特征
II（定容）		0	> 0.05	0.7 ~ 0.9	无边、底水存在，多为封闭型的多裂缝系统、断块、砂体或异常压力气藏。开采过程无水侵影响，为弹性气驱特征
III（低渗透）		< 0.15	> 0.50	0.3 ~ 0.5	$K \leqslant 1\,mD$，千米井深稳定日产量 $< 1 \times 10^4 m^3/d$ 的低渗透气藏。单井产量低，生产压差大，废弃地层压力高是其主要特征。一般水不活跃，但积液影响较严重

8.4　单井合理产能评价

确定气井或气藏的合理产能是气田高效开发的基础，是保证气田实现长期稳产的前提条件。产能评价直接服务于开发或调整方案的单井产能设计，而通过研究单井产能变化规律及影响因素，从而在方案实施过程中根据产能变化情况采取相应的措施。目前，主要有以下几种方法确定合理产量：考虑冲蚀速度确定合理产能上限；边底水气藏考虑临界水锥极限产量确定合理产能上限；临界携液量确定合理产能下限；确定合理生产压差，从而由产能方程确定合理产量；流入/流出动态曲线交点法确定产气量；采气指示曲线法确定合理产气量；综合考虑采气速度及单井动储量确定合理产气量；由单井稳产期和经济效益限制确定合理产气量。

考虑到方法的适用性及超高压气田的特点，本次合理产能评价优选冲蚀流速、最小携液量法、水锥极限产量法、采气指示曲线法和生产系统分析法等方法综合确定单井合理产能及合理生产压差。

（1）气液管壁的冲蚀作用。

渗透率特别好、气井产量特别高的气井中，由于天然气中往往含有某些酸性气体，尤其是 H₂S，它们会对管壁产生严重的腐蚀作用。井中天然气气流速度过高会迅速冲去氧化层。这样就使得未被腐蚀的内壁裸露于含酸性气体的天然气中，连续作用的结果，就加剧了油管的破损。因此，气井气流速度不宜过高，它不应超过最高限流速度。1984 年，Begg 提出计算冲蚀流速公式：

$$v_e = \frac{C}{\rho_g^{0.5}} \tag{8.2}$$

式中 v_e——冲蚀流速，m/s；

　　　　C——常数，取值为 100 ~ 300。

在计算冲蚀流速时，如果井筒流体很干净，不存在腐蚀和无固体颗粒情况下，C 值可以取 150。将式（8.2）改写为日产气量的形式为：

$$Q_e = 7.746 \times 10^4 A \left(\frac{p_{wf}}{ZT\gamma_g}\right)^{0.5} \tag{8.3}$$

式中 Q_e——受冲蚀流速的油管通过能力，$10^4 m^3/d$。

在克拉 2 气田，如果能有效控制出砂，并选用合金材质采气油管，在计算冲蚀流速限制时可以将条件放宽，将 C 取值为 150。针对克拉 2 气田采用式（8.3）计算结果见表 8.6。

表 8.6　克拉 2 气田不同井底流压下的临界冲蚀流速

井号	井筒直径（mm）	不同井底流压下的临界冲蚀流速（m/s）							
		25MPa	30MPa	35MPa	40MPa	45MPa	50MPa	55MPa	60MPa
KL2-1	177.8	691.95	746.09	790.83	828.25	859.94	887.12	910.71	931.41
KL2-2	177.8	691.95	746.09	790.83	828.25	859.94	887.12	910.71	931.41
KL2-3	88.9	172.99	186.52	197.71	207.06	214.99	221.78	227.68	232.85
KL2-4	177.8	691.95	746.09	790.83	828.25	859.94	887.12	910.71	931.41
KL2-5	177.8	691.95	746.09	790.83	828.25	859.94	887.12	910.71	931.41
KL2-6	177.8	691.95	746.09	790.83	828.25	859.94	887.12	910.71	931.41
KL2-7	177.8	691.95	746.09	790.83	828.25	859.94	887.12	910.71	931.41
KL2-8	177.8	691.95	746.09	790.83	828.25	859.94	887.12	910.71	931.41
KL2-9	114.3	285.96	308.33	326.82	342.29	355.38	366.62	376.37	384.92
KL2-10	88.9	172.99	186.52	197.71	207.06	214.99	221.78	227.68	232.85
KL2-11	88.9	172.99	186.52	197.71	207.06	214.99	221.78	227.68	232.85
KL2-12	88.9	172.99	186.52	197.71	207.06	214.99	221.78	227.68	232.85
KL2-13	88.9	172.99	186.52	197.71	207.06	214.99	221.78	227.68	232.85
KL2-14	88.9	172.99	186.52	197.71	207.06	214.99	221.78	227.68	232.85
KL2-15	114.3	285.96	308.33	326.82	342.29	355.38	366.62	376.37	384.92
KL203	114.3	285.96	308.33	326.82	342.29	355.38	366.62	376.37	384.92
KL205	88.9	172.99	186.52	197.71	207.06	214.99	221.78	227.68	232.85

从表8.6中可以看出，在目前井底流压的情况下，所有采气井产气量均小于临界冲蚀流量，所以井底未发生冲蚀。

（2）最小携液量法。

气井开始积液时，井筒内气体的最低流速称为气井携液临界流速，对应的流量称为气井携液临界流量。当井内气体实际流速小于临界流速时，气流就不能将井内液体全部排除井口。地层出水回落积聚在井底，将增大井底回压，降低气井产量。因此，要求气井生成过程中需将流入井底的水及时地携带到地面，要求气井有最小极限产量的限制。

①球形模型。气井井筒液体来自于井筒热损失导致的天然气凝析形成的液体和随天然气流入到井筒的游离液体，主要是指凝析油和地层水。如果这种液体可以通过液滴形式或雾状形式被气体带到地面，那么气井将保持正常生产。否则，气井将出现液体聚集形成积液。增大井底压力，降低气井产量，限制井的生产能力，严重者会使气井停产。因此，讨论积液气井的最小流速，对气田开发和充分利用天然气的弹性能量有着重要意义。

早在20世纪50年代，苏联学者就开始了气井连续排液所需要的最小的流速研究，并推出了一些关系式。1969年，Turner，Hubbard和Dukler提出的预测积液何时发生的方法得到广泛的应用，他们比较了垂直管道举升液体的两种物理模型，即管壁液膜移动模型和高速气流携带液滴模型，认为液滴理论推导的方程可以较准确地预测积液的形成。

Turner等通过液滴在井筒中流动的最低条件，即气体对液滴的拖曳力等于液滴沉降重力，得出液滴流动的最小速度：

$$u = 3.617\left[\frac{D(\rho_L - \rho_g)}{C_d\rho_g}\right]^{0.5} \tag{8.4}$$

式中　u——液滴流动的最小速度，m/s；

　　　D——液滴的直径，m；

　　　ρ_L——气井液体的密度，kg/m³；

　　　ρ_g——气井天然气的密度，kg/m³；

　　　C_d——曳力系数。

式（8.4）说明，其他参数不变时，液滴直径越大，气体携带液滴所需速度越高。如果最大液滴都能携带到地面，井底就不会发生积液，即携液的最小气流速度应按最大液滴的直径而确定。

液滴最大直径可以用Weber数确定，即液滴受到外力试图使它破裂，但液体表面张力又试图把它保持在一起，用公式表示为：

$$N_{we} = \frac{v^2\rho_g D}{\sigma g_c} \tag{8.5}$$

式中　N_{We}——Weber 数；

　　　σ——气液表面张力，N/m；

　　　g_c——换算系数，$g_c=1kg \cdot m/s^2$；

　　　ρ_g——气体密度，kg/m^3；

　　　v——气液速度，m/s。

其他符号含义同前文。

当 Weber 数超过 20 ～ 30 这一临界值时，液滴就会破裂。取最高值（$N_{We}=30$），可得到液滴最大直径与速度之间关系式为：

$$D_{max} = \frac{30\sigma g_c}{\rho_g v^2} \qquad (8.6)$$

将式（8.6）代入式（8.4），并视流体为牛顿液体，取 $C_d=0.44$，得：

$$v = 5.5\left[\frac{\sigma(\rho_L - \rho_g)}{\rho_g^2}\right]^{0.25} \qquad (8.7)$$

对于式（8.7），Turner 等建议取安全系数为 20%，即将由式（8.7）获得的气流速度调高 20%。但 Coleman 通过实验认为，保持低压气井排液的最小流速可以利用 Turner 等提出的液滴模型预测，而不必附加 20% 的修正值。

将式（8.7）改写为日产量形式为：

$$q_{sc} = 1.92 \times 10^4 \frac{p_{wf} A v}{T_{wf} Z} \qquad (8.8)$$

式中　q_{sc}——日产气量，$10^4 m^3/d$；

　　　p_{wf}——油管终端流压，MPa；

　　　A——油管截面积，m^2；

　　　T_{wf}——油管终端流温，K；

　　　Z——在 p_{wf} 和 T_{wf} 条件下的气体偏差系数；

　　　ρ_{sc}——标准状况下气体密度，kg/m^3。

从式（8.8）可知，对于多数情况而言，最小体积排液流量随气体密度的增加而增加。在流动着气井中，最高气体密度出现在压力最高的井底。因此，最小排液流量应根据井底条件计算。

从式（8.8）看出，水和凝析油的排液速度不同，这是由于二者的界面张力和密度不同所致。对于气水系统，其界面张力和密度差一般高于凝析油气系统，所以水的排液速度大于凝析油的排液速度。因此，如果在井筒中存在两种流体时，那么水将成为控制流体。但流体参数在方程中是以四次方根出现，所以排液速度的差别不会非常显著。而井径和压力的影响更直接和明显。

Turner 等提出的计算方法并非适用于任何气液井，它必须满足液滴模型，即一般气液比大于 1400m³/m³。如果气井表现为段塞流特性，本公式将不再适用。

②椭球模型。李闽教授认为气井携液过程中，运动的液滴在压差作用下呈椭球形，曳力系数取 1，根据椭球形进行气井携液公式的推导，得出临界流速为：

$$v = 2.5 \times \frac{[\sigma(\rho_L - \rho_g)]^{0.25}}{\rho_g^{0.5}} \tag{8.9}$$

气井携液临界流量公式为：

$$q_{sc} = 2.5 \times 10^4 \frac{pAv}{TZ} \tag{8.10}$$

针对克拉 2 气田采用椭球模型进行计算，单井井筒主要有 3 种尺寸，按照目前地层压力计算了最小携液量极限产量，结果见表 8.7。

表 8.7　克拉 2 气田单井携液量计算参数及结果

参数	KL2–1 井、KL2–2 井、KL2–4 井、KL2–5 井、KL2–6 井、KL2–7 井、KL2–8 井	KL2–9 井、KL2–15 井、KL203 井、KL204 井	KL2–3 井、KL2–10 井、KL2–11 井、KL2–12 井、KL2–13 井、KL2–14 井、KL 205 井
d（mm）	177.8	114.3	88.9
A（m²）	0.0248	0.0103	0.0062
Z	1.22	1.22	1.22
T（K）	373	373	373
γ_g	0.565	0.565	0.565
ρ_w（kg/m³）	1024	1024	1024
ρ_{gsc}（kg/m³）	0.00068	0.00068	0.00068
ρ_g（kg/m³）	237.14	237.14	237.14
σ（N/m）	0.06	0.06	0.06
v_g（m/s）	0.43	0.43	0.43
q_{sc}（10⁴m³）	31.82	13.15	7.96
q_{sc}（上浮 20%）（10⁴m³）	38.18	15.78	9.55

（3）水锥极限产量法。

目前，国内外常用的有 4 种水侵气藏临界产量计算公式，其中 Schols 方法和 Meyer 方法未考虑各向异性的影响，Chaperon 和 Hoyland 临界产量计算方法考虑了各向异性的影响。

①修正的 Dupuit 临界产量计算公式。Dupuit 临界产量计算公式适合于理想完井方式（总表皮系数 $S=0$），对于非理想完井方式（$S \neq 0$）的情况，西南石油大学李传亮提出了一个修正 Dupuit 临界产量计算公式：

$$q_{gc} = \frac{2.66 K \Delta \rho_{wg} g \left(h^2 - b^2 \right)}{B_g \mu_g \left(\ln \dfrac{r_e}{r_w} + S \right)}$$ （8.11）

式中　q_{gc}——水锥极限产量，$10^4 \text{m}^3/\text{d}$；

K——渗透率，mD；

$\Delta \rho_{wg}$——水气密度差，10^3kg/m^3；

g——重力加速度，m/s^2；

h——气层厚度，m；

b——气层打开厚度，m；

B_g——气体体积系数；

μ_g——气体黏度，$\text{mPa} \cdot \text{s}$；

r_e——供油半径，m；

r_w——井筒半径，m；

S——油井的表皮系数。

② Schols 临界产量公式。

$$q_{gc} = \frac{2.66 \Delta \rho_{wg} K K_{rg}}{\mu_g B_g} \left(0.432 + \frac{\pi}{\ln \dfrac{r_e}{r_w}} \right) \left(h^2 - b^2 \right) \left(\frac{h}{r_e} \right)^{0.14}$$ （8.12）

③ Meyer 临界产量公式。

$$q_{gc} = \frac{2.66 K_g \Delta \rho_{wg} \left(h^2 - b^2 \right)}{\mu_g B_g \ln \dfrac{r_e}{r_w}}$$ （8.13）

④ Chaperon 临界产量公式。

$$q_{gc} = \frac{0.8467 K_h h^2 \Delta \rho_{wg}}{\mu_g B_g} q_c^*$$ （8.14）

其中

$$q_c^* = 0.7311 + 1.9434 / a$$ （8.15）

$$a = \left(\frac{r_e}{h} \right) \left(\frac{K_v}{K_h} \right)^{0.5}$$ （8.16）

⑤ Hoyland 临界产量公式。

$$q_{gc} = 0.246 \times 10^{-4} \left(\frac{h^2 \Delta \rho_{wg} K_h}{\mu_g B_g} \right) q_{cD} \quad (8.17)$$

其中 q_{cD} 需通过与无量纲泄油半径 r_D 的关系图版进行求解。

$$r_D = \frac{r_e}{h} \sqrt{\frac{K_v}{K_h}} \quad (8.18)$$

以见水井 KL203 井和 KL204 井为例对以上方法进行评价优选。KL203 井和 KL204 井的临界产量与累计产气量关系曲线如图 8.1 和图 8.2 所示。从图中可以看出，Hoyland 方法计算临界产量最高，且 KL203 井及 KL204 井主要生产阶段实际产量一直低于该方法计算的临界产量生产，见水时累计产气量远远低于 Hoyland 方法计算的临界累计产气量，结果与实际情况不符，即此方法计算值偏高；Meyer 方法以及 Schols 方法计算临界产量一直低于实际产量，该井实际见水时实际累计产气量高于这两种方法见水时累计产气量，即此方法计算值偏低，且这两种方法未考虑各向异性，故排除；Chaperon 方法考虑各向异性，且计算结果符合 KL203 井及 KL204 井实际情况，即 KL203 井和 KL204 井大部分生产时段一直高于 Chaperon 方法计算的临界产量生产，两口井见水时累计产气量低于 Chaperon 方法按临界产量生产见水时的累计产气量，该方法适用于克拉 2 气田水锥临界极限产量评价。

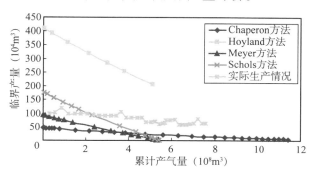

图 8.1　KL203 井临界产量与累计产气量关系曲线

采用 Chaperon 方法计算了各单井的临界产量随开采的变化（图 8.3 和图 8.4 分别为 KL2−6 井及 KL2−12 井临界产量评价结果），并根据临界产量对单井进行了配产（表 8.8），考虑从投产以来单井可稳产 15 年和 13 年两种情况考虑，对应气田产能分布为 $2050 \times 10^4 m^3/d$ 以及 $2280 \times 104 m^3/d$。通过水锥极限产量评价，单井共划分为 3 种类型（表 8.9），为合理单井配产、调产提供依据。

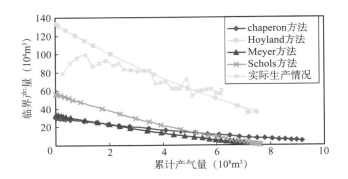

图 8.2　KL204 井临界产量与累产气关系

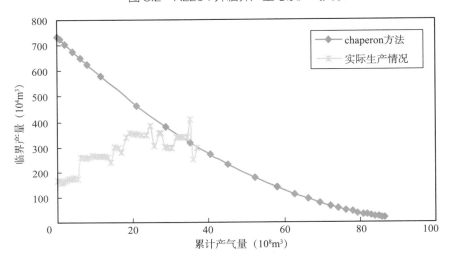

图 8.3　KL2-6 井临界水锥产量变化曲线

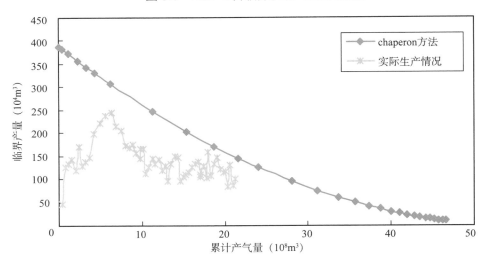

图 8.4　KL2-12 井临界水锥产量变化曲线

表 8.8 水锥极限产量法评价结果及配产

单位：$10^4m^3/d$

井号	临界产量	再稳产 10 年	再稳产 8 年
KL2-1	810	220	250
KL2-2	850	195	225
KL2-3	650	160	185
KL2-4	1030	245	285
KL2-5	930	115	135
KL2-6	320	160	185
KL2-7	400	215	250
KL2-8	330	200	230
KL2-9	170	35	40
KL2-10	630	100	115
KL2-11	1300	155	180
KL2-12	166	85	100
KL2-13	17	55	65
KL2-14	120	35	40
KL2-15	638	40	55
KL203	32	20	25
KL205	18	40	50
合计	7741	2050	2280

表 8.9 克拉 2 气田水锥极限产量评价单井分类

类型	生产井分类
高于临界产量生产	KL2-8，KL2-13，KL203，KL204，KL205
已达临界产量生产	KL2-6，KL2-7，KL2-12
低于临界产量生产	KL2-1，KL2-2，KL2-3，KL2-4，KL2-5，KL2-9，KL2-10，KL2-11，KL2-14

（4）采气指示曲线法。

气井的合理产量是指一口气井有较长的稳定生产时间并且能保持相对较高的产量。由气井二项式产能方程可以看出，气体从地层边界流向井底的过程中，消耗的拟压力由两部分组成：一部分是用来克服气流沿流程的黏滞阻力；另一部分是用来克服气流沿流程的惯性阻力。当气井产量很小时，地层中气流速度较低，主要是在用来克服黏滞阻力，表现为气体在地层中是线性流动的，气井产量与拟压力的差之间成线性关系；当气井产量逐渐增大，产量和拟压力之差不再遵循线性关系，表现为气体在地层中的非线性流动，气井产量与拟压力的差之间不再成直线关系，而是成抛物线关系（图 8.5）。很显然，如果气井配产超过了直线段，气藏就会把一部分能量消耗在气流克服惯性阻力上即为非线性流动，从而产生了附加压力损失，单位生产压差采气增量越来越小，使得气井地层能量利用不够合理。因此，把直线段上最后一点所对应的产量作为气井的合理产量或线性流的临界产量，同时，也将这一点的气体流速称为线性流的临界流速。

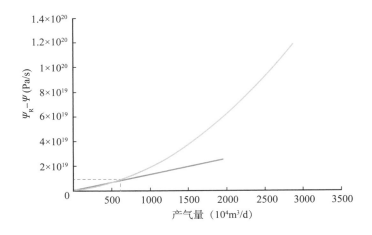

图 8.5　KL2-4 井采气指示曲线

由此把该临界点产量定为气井合理产量，此即是采气指示曲线法确定气井合理产量的原理。气井产量增加后，生产压差呈抛物线上升趋势，表明高速湍流效应引起了额外的压力损失，合理产量应该保持在直线范围内，如图 8.5 为 KL2-4 井采气指示曲线法评价结果。表 8.10 为采用指示曲线法评价的克拉 2 气田单井线性流的临界产量结果，合计气田合理产能为 $2523.28 \times 10^4 \text{m}^3/\text{d}$，明显高于临界产量配产结果。

（5）生产系统分析法。

生产系统分析，也称节点分析，其思想于 1954 年由吉尔伯特（Gilbert）首先提出。气井生产系统由储层、举升油管、针形阀、地面集气管线、分离器等多个部件串联组成，典型气井生产系统如图 8.6 所示。

气流从储层流到地面分离器一般要经历多个流动过程。不同的流动过程遵循不同的流动规律，它们相互联系，互为因果地处于同一气动力学系统。气体的流动包括从气藏外边界到钻开的气层表面的多孔介质中的渗流，从射孔完井段到井底的、并沿着管柱向上到达井口的垂直或倾斜管流，从井口经过集气管线到达分离器的水平或倾斜管流。由于流动规律不同，各个部分的压力损失不一样，而且与内部参数有关，气井生产系统分析方法正是利用这一思想来进行研究的。因此，这种方法属于一种压力分析方法。

表 8.10　单井采气指示曲线法临界产量计算结果

井号	地层压力 （MPa）	无阻流量 （$10^4m^3/d$）	产量上限 （$10^4m^3/d$）	生产压差 （MPa）
KL203	53.49	85.13	19.05	4.99
KL205	51.17	624.74	142.20	3.67
KL2-1	52.01	1782.09	243.77	2.01
KL2-2	51.94	931.55	180.35	5.94
KL2-3	52.35	1454.48	327.16	4.35
KL2-4	52.19	1079.52	199.46	3.19
KL2-5	52.42	770.17	107.19	2.92
KL2-6	52.14	664.80	142.05	7.64
KL2-7	52.10	1275.14	219.06	2.60
KL2-8	52.57	1042.88	181.08	3.57
KL2-9	53.25	361.32	79.66	2.75
KL2-10	52.37	982.71	183.75	2.37
KL2-11	52.53	1210.51	165.02	3.03
KL2-12	52.58	444.29	89.28	4.58
KL2-13	52.57	302.75	65.50	3.57
KL2-14	54.64	49.41	13.38	7.64
KL2-15	54.44	714.65	165.31	4.94
合计			2523.28	

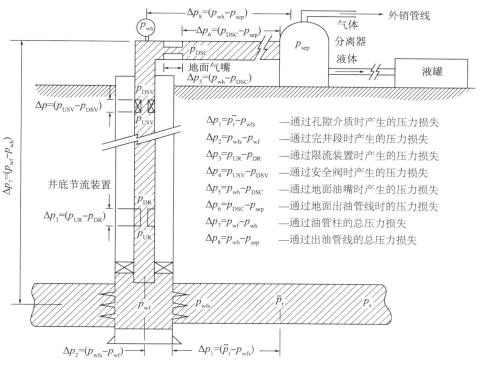

$\Delta p_1=\bar{p}_r-p_{wfs}$　—通过孔隙介质时产生的压力损失

$\Delta p_2=p_{wfs}-p_{wf}$　—通过完井段时产生的压力损失

$\Delta p_3=p_{UR}-p_{DR}$　—通过限流装置时产生的压力损失

$\Delta p_4=p_{USV}-p_{DSV}$　—通过安全阀时产生的压力损失

$\Delta p_5=p_{wh}-p_{DSC}$　—通过地面油嘴时产生的压力损失

$\Delta p_6=p_{DSC}-p_{sep}$　—通过地面出油管线时的压力损失

$\Delta p_7=p_{wf}-p_{wh}$　—通过油管柱的总压力损失

$\Delta p_8=p_{wh}-p_{sep}$　—通过出油管线的总压力损失

图 8.6　典型气井生产系统

①气藏中气体向气井的渗流。气井一旦投入生产，气体将在气藏中通过孔隙或裂缝向井底流动。不同孔隙介质，不同流体介质（单相气流、气水两相流、气油两相流），不同方式（驱动）类型和驱动机理，不同开采方式，渗流阻力不一样，压力损失也就不同。影响这一阻力的因素相当多，同时还要考虑气体的非达西渗流，因此描述这一渗流过程相当复杂。

这一渗流过程的特性称为气井流入动态，它描述了气层产量与井底流压的基本关系，反映了气层向井供气的能力，对气井生产系统分析至关重要。这个基本问题搞不清楚，就不能对井筒和地面系统进行设计分析，很难对开采工艺措施作出选择，更不可能使系统达到最优化。

a. 单相气体渗流。长期以来，主要采用产能试井（例如系统试井、等时试井、修正等时试井），确定出指数式和二项式产能公式，获得气井流入动态。如果没有产能试井资料，可以选择单点法和琼斯（Jones）理论公式确定气井流入动态。它们对于均质气藏单相气体渗流是有效的。

对多层气藏和裂缝性等复杂类型气藏，气体在不同内外边界情况下的气井流入动态，可以采用两种方法来确定：一是不同气藏类型的现代试井理论模型；二是气井单井数值模拟器。例如，对于低渗透气藏压裂气井，应考虑采用压裂井模型。

b. 气水井。对于水驱气藏，气藏中的渗流属于两相流。对于两相流，气井一般采用沃盖尔（Vogel）方程确定两相流入动态。对于不同的边、底水气藏和气水同层的气藏，气水在不同内外边界情况下的气井流入动态，可以采用气井单井数值模拟器来确定。

②气体通过射孔井段的流动。气井的完井方式一般有裸眼完井、射孔完井和砾石充填射孔完井三种类型。完井段的流动阻力损失与完井方式密切相关。通过分析各种完井方式下的总表皮系数，可以确定流体通过完井段的阻力损失。

射孔完井是目前应用最普遍的完井方法。影响射孔完井流入特性的主要参数有射孔密度、孔径、孔深、孔眼分布相位及压实伤害的程度。

③气体沿垂直或倾斜油管举升的流动。流体在油管中向上举升过程中流动状态是相当复杂的。人们研究了许多数学相关式来描述这一特性，但迄今没有一种相关式适合各类气井，因此，必须十分慎重地使用它们。油管的压力损失是整个生产系统总压降的主要部分，主要包括举升压力损失和摩阻压力损失两项。对高产气井还必须包括动能损失。为了正确地进行生产系统分析，预测不同开发模式的气井动态，必须弄清气体沿油管的压降关系。

对于单相气体，可采用库伦特—史密斯（Cullender&Smith）法以及平均温度和偏差系数法等确定其压降损失。

对于气水两相流，目前广泛应用的模型有 Hagedorn–Brown, Duns–Ros, Orkiszewski, Beggs–Brill, Mukherjee–Brill 和 Aziz 等。另一种模型是机理模型，如 PEPITE, WELLSIM,

TUFFP，OLGA 和 TACITE 等，可以较为正确地预测任何情况下管路及井的流态、持液率和压力损失。

④气体通过井口节流装置的流动。气体通过井口针形阀或气嘴的流动属于节流过程。

⑤气体在地面水平管中的流动。气体通过针形阀节流后，由地面水平集气管线流向集气站，压力损失主要是管内流动摩阻，这部分损失一般不大。

由此可见，气井的开采是一个连续的流动过程，是一个统一的整体，对于这样一个系统进行分析，是气井生产节点分析的任务。对实际的气井生产系统进行分析时，需要将实际系统加以抽象，以便能进行数学表述，这时的气井生产系统称为生产井模型。

气井生产系统分析是把气流从地层到用户的流动作为一个研究对象，对全系统的压力损耗进行综合分析。这一方法的基本思想是在系统中某部位（如井底）设置解节点，将系统各部分的压力损失相互关联起来，对每一部分的压力损失进行定量评估，对影响流入和流出解节点能量的各种因素进行逐一评价和优选，从而实现全系统的优化生产，发挥井的最大潜能。

系统分析的基本出发点可以概括为：一是系统中任何一点的压力是唯一的；二是在稳定的生产条件下，整个生产系统各个环节流入和流出流体的质量守恒。

气井节点系统分析就是将流入和流出动态特性综合在一起进行系统分析的一种方法。由于系统内每个参数的变化都会引起解节点压力和流量的变化，因此，在进行气井节点分析时，通常将节点压力和流量作成图，观察节点压力随流量和系统参数的变化，分析压力损失的大小。

在进行系统分析时，若所有的计算结果正确的话，则解节点处的压力与产量的关系必须同时满足流入和流出两条动态曲线关系。如前所述，解节点处的压力和产量都是唯一的，故只有两条曲线的交点才能满足上述条件。因此，我们把该交点称为协调点。协调点只反映气井在某一条件下的生产状态，并不是气井的最佳生产状态。气井节点分析过程就是协调流入曲线与流出动态曲线的流动状态，使之达到最佳协调点的过程。

具体计算方法及步骤如下：

①给定地层压力，利用产能方程计算不同产量下的井底流压，即流入动态曲线（IPR 曲线）；

②在给定油管尺寸和井口压力条件下，利用垂直管流方法计算不同产量下的井底流压，即流出动态曲线（TPR 曲线）；

③根据流入动态曲线和流出动态曲线的交点确定协调点产量及压力。

根据上述方法和步骤，以及克拉 2 气田 17 口的资料，计算了不同井口压力下的 IPR 曲线和三种油管尺寸（ϕ177.8mm，ϕ114.3mm 和 ϕ88.9mm）的 TPR 曲线，如图 8.7 至图 8.9 所示；根据 IPR 曲线和 WPR 曲线确定的最大极限产量见表 8.11。

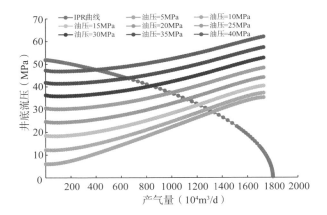

图 8.7　KL2-1 井 ϕ177.8mm 油管流入流出动态曲线

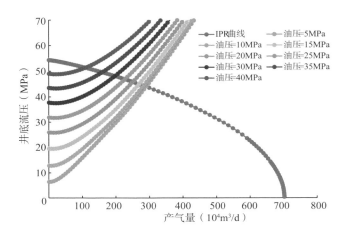

图 8.8　KL2-15 井 ϕ114.3mm 油管流入流出动态曲线

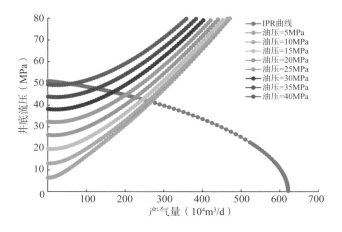

图 8.9　KL205 井 ϕ88.9mm 油管流入流出动态曲线

表 8.11 克拉 2 气田不同油管压力单井最大极限产量表

井号	油压 =20MPa		油压 =25MPa		油压 =30MPa		油压 =35MPa		油压 =40MPa	
	产气量 ($10^4m^3/d$)	井底流压 (MPa)	产气量 ($10^4m^3/d$)	井底流压 (MPa)	产气量 ($10^4m^3/d$)	井底流压 (MPa)	产气量 ($10^4m^3/d$)	井底流压 (MPa)	产气量 ($10^4m^3/d$)	井底流压 (MPa)
KL2−1	1117.41	34.49	993.95	37.30	840.86	40.42	649.88	43.84	401.63	47.64
KL2−2	600.76	29.22	509.61	33.66	399.69	38.35	268.92	43.27	112.33	48.51
KL2−3	270.41	48.75	244.41	49.18	211.31	49.71	168.11	50.36	105.19	51.23
KL2−4	941.98	34.26	846.39	37.66	726.23	41.30	573.02	45.14	363.30	49.18
KL2−5	578.02	29.06	507.62	33.75	420.09	38.59	310.83	43.54	167.21	48.65
KL2−6	427.07	27.44	360.33	32.56	280.53	37.78	186.89	43.11	77.00	48.62
KL2−7	853.41	32.85	752.13	36.42	625.77	40.27	466.37	44.36	251.37	48.77
KL2−8	714.58	30.76	622.43	34.85	509.10	39.20	369.97	43.77	192.97	48.63
KL2−9	257.32	32.76	230.50	36.65	196.76	40.76	153.66	45.03	94.32	49.50
KL2−10	264.18	48.07	238.92	48.67	206.86	49.38	165.05	50.22	104.09	51.27
KL2−11	259.31	47.33	233.40	47.92	200.51	48.66	157.74	49.58	95.95	50.84
KL2−12	201.04	40.07	177.58	41.88	148.15	44.02	110.57	46.54	58.47	49.69
KL2−13	175.22	37.23	155.25	39.85	130.20	42.78	98.22	46.03	53.47	49.73
KL2−14	38.61	26.39	32.96	32.19	26.29	37.90	18.55	43.57	9.72	49.20
KL2−15	250.07	45.86	226.44	46.90	196.89	48.14	159.49	49.62	109.30	51.43
KL203	68.16	26.31	59.59	32.14	49.04	37.86	36.05	43.55	19.45	49.20
KL205	225.44	43.72	200.34	44.85	168.21	46.20	125.67	47.81	58.74	49.94

表 8.11 为采用系统分析方法得到的克拉 2 气田最大极限产量结果，合计气田合理产能为 $2523.28 \times 10^4m^3/d$，明显高于临界产量配产结果。

（6）单井合理产能评价结果。

综合以上论证结果，结合克拉 2 气田单井裂缝、断层、高渗透条带等地质因素及水侵机理分析结果，考虑气田均衡开采，延长单井无水采气期，主要考虑数值模拟法及水锥极限产量法结果进行了单井合理配产，确定了单井合理产能。考虑气藏均衡开采，单井应具备 10 年以上的稳产期，合理配产应在 $2274 \times 10^4m^3/d$ 左右，详细配产结果见表 8.12。

表 8.12　克拉 2 气田综合多种方法单井合理配产表

单位：$10^4 \text{m}^3/\text{d}$

序号	井号	无阻流量	无阻流量法（无阻流量的 1/6）	临界水锥稳产 10 年	曲线系统分析法	综合评价结果	合理生产压差
1	KL203	85.13	14.00	20.00	19.05	19.45	4.00
2	KL205	624.74	104.00	40.00	142.20	58.74	1.90
3	KL2–1	1782.09	297.00	220.00	243.77	401.63	2.50
4	KL2–2	931.55	155.00	195.00	180.35	112.33	5.20
5	KL2–3	1454.48	242.00	160.00	327.16	105.19	2.40
6	KL2–4	1079.52	180.00	245.00	199.46	363.30	4.20
7	KL2–5	770.17	128.00	115.00	107.19	167.21	2.60
8	KL2–6	664.80	111.00	160.00	142.05	77.00	6.50
9	KL2–7	1275.14	213.00	215.00	219.06	251.37	2.60
10	KL2–8	1042.88	174.00	200.00	181.08	192.97	3.70
11	KL2–9	361.32	60.00	35.00	79.66	94.32	2.10
12	KL2–10	982.71	164.00	100.00	183.75	104.09	1.50
13	KL2–11	1210.51	202.00	155.00	165.02	95.95	2.80
14	KL2–12	444.29	74.00	85.00	89.28	58.47	3.80
15	KL2–13	302.75	50.00	55.00	65.50	53.47	2.80
16	KL2–14	49.41	8.00	35.00	13.38	9.72	4.00
17	KL2–15	714.65	119.00	40.00	165.31	109.30	2.90
	合计	13776.13	2295.00	2075.00	2523.28	2274.52	

8.5　合理采气速度

设计不同采气速度进行开发效果的对比，来分析采气速度的敏感性（图 8.10 至图 8.12，表 8.13）。

研究认为，采气速度增加会导致水侵速度加快，气田产水提前，且产水量增速随着采气速度的增加而升高。当采气速度大于 3%，产水增幅有明显增大的趋势，产水增幅较大。

由气田稳产期的角度分析，采气速度增加稳产期缩短，同时稳产期末的累计产气量减少。5% 的采气速度下还可以稳产 3 年，稳产至 2016 年左右，3% 的速度开采，仍可以再稳产 8 年。

综合分析来看，推荐气藏合理采气速度 3%，年产天然气约 $68.6 \times 10^8 \text{m}^3$，稳产至 2021 年，稳产期末累计产气 $1250.4 \times 10^8 \text{m}^3$，采出程度 54.7%。

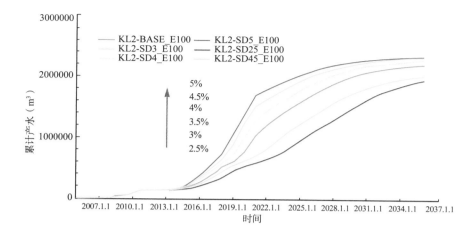

图 8.10　不同采气速度下累计产水对比

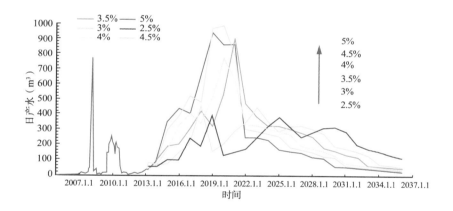

图 8.11　不同采气速度下日产水对比

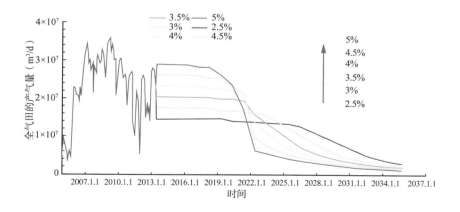

图 8.12　不同采气速度下稳产期对比

表 8.13　不同采气速度开发指标对比

采气速度 （%）	年产气量 （10^8m^3）	稳产期末			方案期末	
		再稳产期 （a）		累计产气量 （10^8m^3）	采出程度 （%）	累计产气量 （10^8m^3）	采出程度 （%）

采气速度 （%）	年产气量 （10^8m^3）	再稳产期 （a）		累计产气量 （10^8m^3）	采出程度 （%）	累计产气量 （10^8m^3）	采出程度 （%）
2.5	57.2	11	2024 年	1310.2	57.31	1690.71	73.96
3	68.6	8	2021 年	1250.4	54.70	1679.05	73.45
3.5	80	5	2018 年	1129.4	49.41	1650.34	72.19
4	91.5	4	2017 年	1105.8	48.37	1636.04	71.57
4.5	102.9	4	2017 年	1154.6	50.51	1622.78	70.99
5	114.3	3	2016 年	1099.7	48.11	1608	70.34

8.6　控水治水对策

8.6.1　利用新钻井控水可行性研究

（1）排水措施分析。

为减少边底水侵入气藏，可以考虑在水区，水侵侵入的活跃区域部署排水井，从而达到降低侵入气藏中水侵量的目标，实现单井延迟见水时间、降低废弃压力、提高采收率的目的。

在此，首先对气田整体排水的效果进行概念分析，通过动态方法分析目前年水侵量约 $952 \times 10^4 \text{m}^3$，气藏周边部署排水井约 23 口（图 8.13），计算得到单井排水量 $1200 \times 10^4 \text{m}^3/\text{d}$ 基本可以实现平衡排水，即将年水侵量全部通过排水井采出，最大程度地降低侵入气层的水量。同时，也模拟单井排水量分别为 $600 \times 10^4 \text{m}^3/\text{d}$ 和 $1200 \times 10^4 \text{m}^3/\text{d}$ 时的效果，以进行对比分析。

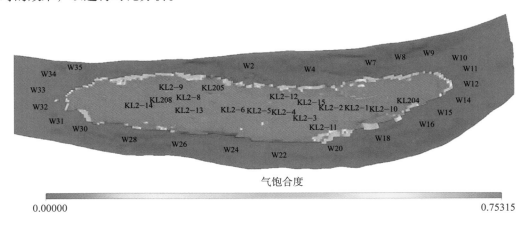

图 8.13　新钻控水井位部署示意图

（2）单井效果分析。

整体排水对单井开发效果影响也较明显，单井对比看，KL2-11 井效果较好。KL2-11 位于构造边部，对应部署排水井 W20。可以看出平衡排水的效果最好，完全抑制了 KL2-11 井的见水，排水实施后 KL2-11 井无水期延长，气稳产期延长 1 年，累计产气量增加约 $10 \times 10^8 m^3$。如图 8.14 和图 8.15 所示。

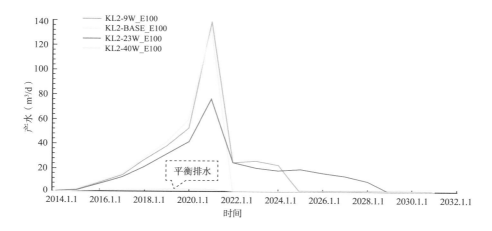

图 8.14　不同排水量对 KL2-11 井产水的影响

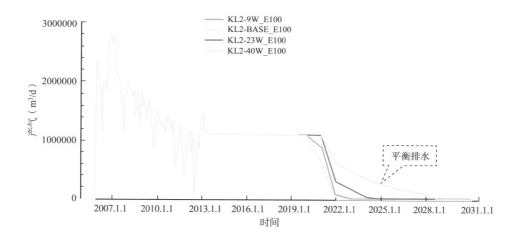

图 8.15　不同排水量对 KL2-11 井产气量的影响

（3）整体效果分析。

图 8.16 看出随着排水量的增加，水区与气区的压差逐步减少，减缓产气量的递减，延长部分生产井的稳产期，抑制水侵。计算来看，平衡排水情况下废弃压力最大降低 6.8MPa，采收率提高 5.6% 左右。

　　对于整体控水方可首先案，需要新钻井数较多，产水量大，周期长，需完善的地面处理工程。在此建议针对局部水侵严重区域可首先考虑开展排水采气效果试验，从而积累对于此类气藏类型的控水经验。

　　不同排水量下天然气采出程度对比如图 8.17 所示，不同排水量对气田产气量的影响如图 8.18 所示。

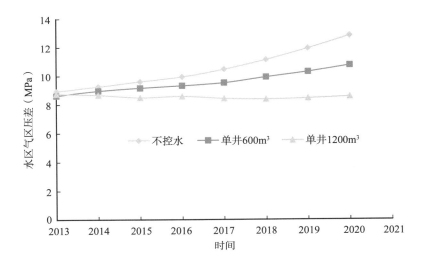

图 8.16　不同控水方式下水区与气区压差对比

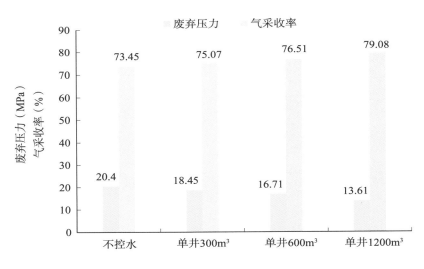

图 8.17　不同排水量下天然气采出程度对比

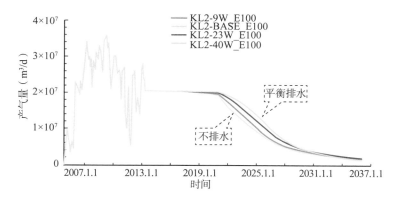

图 8.18　不同排水量对气田产气量的影响

8.6.2　已见水井控水建议

（1）KL2−13 井控水措施分析。

针对 KL2−13 井的见水情况，分析认为主要有两种控水措施：一是堵水，即封堵下部水淹层、射开上部，KL2−13 井射孔顶端距离气藏顶部仍有 163m 的气层；另一措施为底部的水淹段增加专门的排水井，从而抑制底水的继续锥进。以下对不同措施进行了模拟计算。

计算表明，控水措施均可以有效延缓见水、延长气井生产时间。增加排水井的效果也十分明显，基本可以抑制底水的锥进。在此模型中，堵水的效果偏好，堵水后一直未见水。

措施后均可以延长生产时间，增加产气量。新增排水井使单井累计产气增加 $6.65 \times 10^8 m^3$，堵水措施累计产气增 $11.08 \times 10^8 m^3$。如图 8.19 至图 8.21 所示。

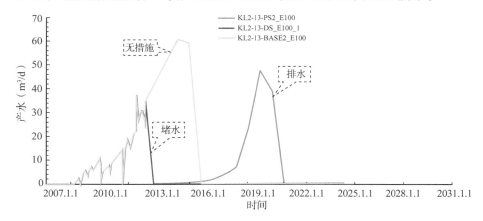

图 8.19　不同措施对 KL2−13 产水的影响

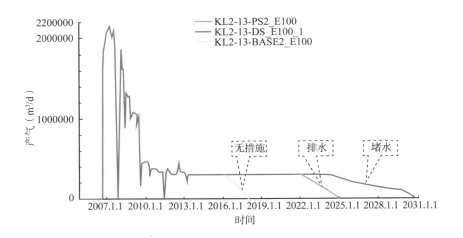

图 8.20　不同措施对 KL2–13 井产气量的影响

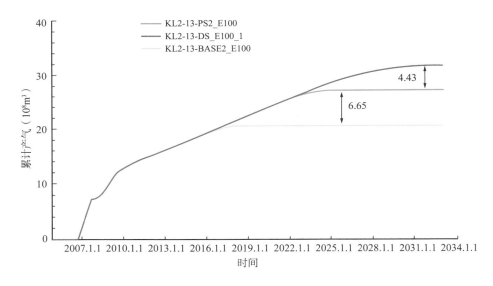

图 8.21　不同措施对 KL2–13 井累计产气的影响

（2）KL2–10 井控水措施分析。

由过 KL2–10 井南北向气藏剖面图（图 8.22）分析认为，KL2–10 井平面 500m 内存在 6 条断层，空间中最近的断层距井 20m，距井最近点在巴一岩段，属于四级逆断层，断穿白云岩、砂砾岩。

该井射孔段距离底水 161m，边水距离约 430m。由产气剖面测试结果（图 8.23）来分析，产气量集中在射孔顶部的 3641 ～ 3650m，以及射孔底部的 3744 ～ 3748m，产气量较为集中，单层产气强度较大。结合数值模拟不同方向饱和度分布图（图 8.24和图 8.25）认为，边水推进可能性较大。

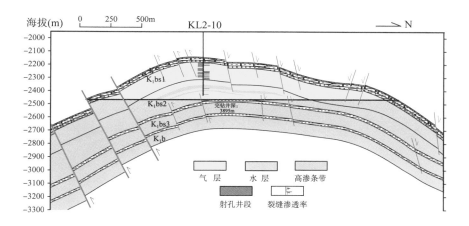

图 8.22　过 KL2-10 井南北向气藏剖面图

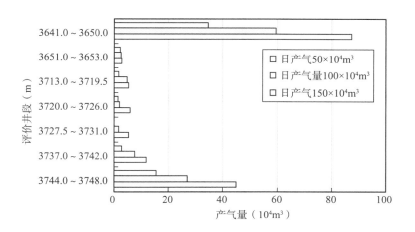

图 8.23　KL2-10 井不同产气量剖面测试对比

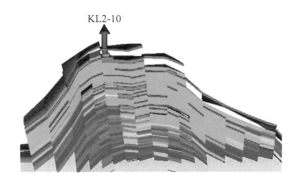

图 8.24　KL2-10 井气水饱和度分布南北剖面（2013.5）

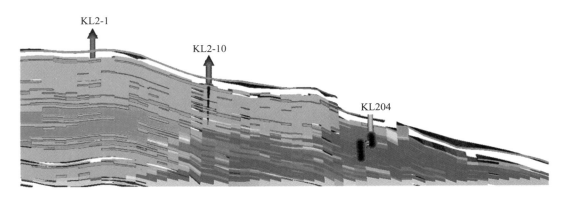

图 8.25　KL2-10 井气水饱和度分布东西剖面（2013.5）

针对 KL2-10 井分析不同排水措施的效果，具体思路有如下两个：

（1）已关井的 KL204 重新开井，作为排水井，如图 8.26 所示；

（2）在 KL2-10 南侧新部署排水井，射孔段在水层中，如图 8.27 所示。

从数值模拟计算结果（图 8.28 和图 8.29）可以看出，两种排水方式对 KL2-10 井的见水形势有所缓解。由于该井水侵方向较复杂，以 KL204 方向、南侧边水为主，水侵范围较大，通过排水措施控制水侵效果并不十分理想，不能完全抑制 KL2-10 井的见水。

由于 KL2-10 井正处于见水的最初阶段，推荐首先考虑降低产气量，通过生产压差来控水地层水的侵入。

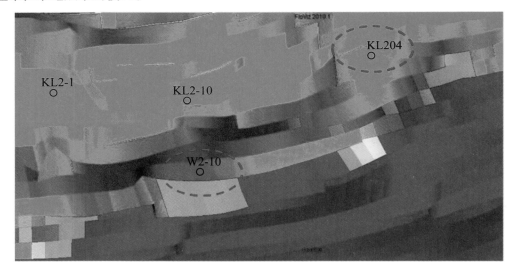

图 8.26　KL2-10 井区排水井平面分布图

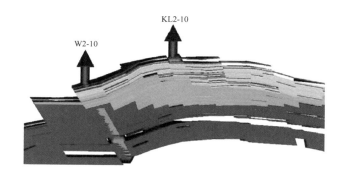

图 8.27　KL2-10 井区南侧排水井剖面图

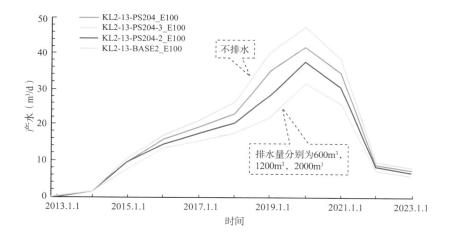

图 8.28　KL204 排水对 KL2-10 产水的影响

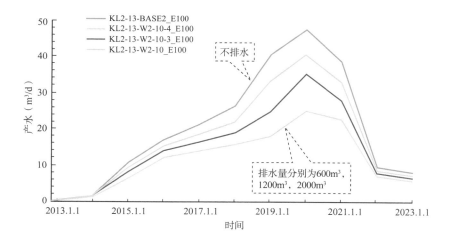

图 8.29　新增加排水井对 KL2-10 产水的影响

参 考 文 献

［1］洪峰，姜林，卓勤功，等.中国前陆盆地异常高压气藏类型［J］.天然气地球科学，2018，29（3）：317－327.

［2］吴根耀，朱德丰，梁江平，等.塔里木盆地异常高压气藏的主要地质特征和成藏模式［C］//中国科学院地质与地球物理研究所 2013 年度（第 13 届）学术论文汇编，兰州油气中心及离退休等部门.2014.

［3］吴根耀，朱德丰，梁江平，等.塔里木盆地异常高压气藏的主要地质特征和成藏模式［J］.石油实验地质，2013，35（4）：351－363.

［4］李军，邹华耀，张国常，等.川东北地区须家河组致密砂岩气藏异常高压成因［J］.吉林大学学报（地球科学版），2012，42（3）：624－633.

［5］李彦飞，郭肖，董瑞.异常高压气藏地质成因及其识别［J］.科技信息，2011（11）：142+77.

［6］柳广弟，王雅星.库车坳陷纵向压力结构与异常高压形成机理［J］.天然气工业，2006（9）：29－31.

［7］Arif R H，Yusni A R，Panca S W，et al.Production Data Analysis：Estimating OGIP and Forecasting Gas Production Profile From Rough Data of Over－Pressured Gas Reservoir［C］//SPE/IATMI Asia Pacific Oil & Gas Conference and Exhibition. Society of Petroleum Engineers，2015.

［8］Hajizadeh Mobaraki A，Bashir A，Shen Sow C，et al.Integrated Approach for Proper Resource Assessment of a Challenging Over－Pressured Gas Condensate Reservoir：Case Study of Analytical and Numerical Modeling of a Central Luconia Carbonate Field［C］//SPE Oil and Gas India Conference and Exhibition. Society of Petroleum Engineers，2019.

［9］Hamid O，Al－Qahtani A，Albahrani H，et al.A Novel Method for Predicting 3D Pore Pressure in Over－Pressured Carbonates［C］//Abu Dhabi International Petroleum Exhibition & Conference. Society of Petroleum Engineers，2017.

［10］Li Y，Li B，Zhang J，et al. A Systematic Dynamic Characterization Method for Abnormally High－Pressured Gas Reservoirs［C］//Offshore Technology Conference Asia. Offshore Technology Conference，2016.

［11］Mabrouki B，Sturman L，Butphet C，et al.Effect of High Reynolds and Capillary Numbers on Over－Pressured Rich Gas Condensate Reservoir Development［C］//International Petroleum Technology Conference. International Petroleum Technology Conference，2014.

［12］Obielum I O，Giegbefumwen P U，Ogbeide P O.AP/Z plot for estimating original gas in place in a geo－pressured gas reservoir by the use of a modified material balance equation［C］//SPE Nigeria Annual International Conference and Exhibition. Society of Petroleum Engineers，2015.

［13］王翠丽.异常高压气藏储层介质变形特征分析及应用［C］//2018 油气田勘探与开发国际会议（IFEDC 2018）论文集，西安华线网络信息服务有限公司，2018.

［14］张文彪，孟中华，李洪玺.异常高压气藏开发动态规律预测研究［J］.中国石油和化工标准与质量，2017，37（17）：94－95.

［15］曹丽娜.致密气藏不稳定渗流理论及产量递减动态研究［D］.成都：西南石油大学，2017.

［16］马勇新.东方 X 气田异常高压气藏压力敏感性研究［D］.武汉：中国地质大学，2017.

［17］龚程.低渗致密异常高压凝析气藏物质平衡方程及产能研究［D］.成都：西南石油大学，2017.

［18］陈化睦，张会明，郭礼年，等.异常高压产水气井产能计算方法［J］.石化技术，2017，24（3）：30.

［19］张辉，王磊，汪新光，等.异常高压气藏气水两相流井产能分析方法［J］.石油勘探与开发，2017，44（2）：258—262.

［20］周静，张城玮，周伟，等.异常高压气井产能评价技术研究［J］.油气井测试，2016，25（3）：35—37+41.

［21］袁淋，李晓平，张良军.异常高压气藏产水水平井产能影响因素分析［J］.天然气与石油，2016，34（2）：53—57.

［22］杨波，罗迪，张鑫，等.异常高压页岩气藏应力敏感及其合理配产研究［J］.西南石油大学学报（自然科学版），2016，38（2）：115—121.

［23］向祖平，严文德，李继强，等.储层应力敏感对异常高压低渗气藏采收率的影响［J］.重庆科技学院学报（自然科学版），2015，17（5）：64—67.

［24］王卫红，刘传喜，刘华，等.超高压气藏渗流机理及气井生产动态特征［J］.天然气地球科学，2015，26（4）：725—732.

［25］王记俊，廖新武，郭平，等.异常高压气藏应力敏感性测试及合理配产［J］.天然气勘探与开发，2014，37（4）：38—42+48.

［26］苗彦平.考虑应力敏感裂缝性底水气藏数值模拟研究［D］.成都：西南石油大学，2014.

［27］肖香姣，毕研鹏，王小培，等.一种新的考虑应力敏感影响的三项式产能方程［J］.天然气地球科学，2014，25（5）：767—770.

［28］李浩，劳业春，李华，等.异常高压气藏产能测试分析方法［J］.科学技术与工程，2014，14（3）：16—23.

［29］藤赛男，梁景伟，李元生，等.异常高压气藏常规产能方程评价方法研究［J］.油气井测试，2011，20（6）：15—16+19.

［30］刘道杰，刘志斌，田中敬，等.异常高压有水气藏水侵规律新认识［J］.石油天然气学报，2011，33（4）：129—132.

［31］郭晶晶，张烈辉，涂中.异常高压气藏应力敏感性及其对产能的影响［J］.特种油气藏，2010，17（2）：79—81.

［32］冯国庆，陈玉玺，冯丽丽，等.异常高压气藏动态预测研究［J］.内蒙古石油化工，2010，36（2）：1—3.

［33］常志强，肖香姣，唐明龙，等.迪那2气田压力监测、试井解释及产能评价技术［J］.油气井测试，2009，18（1）：25—28.

［34］董平川，江同文，唐明龙.异常高压气藏应力敏感性研究［J］.岩石力学与工程学报，2008，27（10）：2087—2093.

［35］陈红玲.异常高压气藏产能分析方法研究［D］.成都：成都理工大学，2008.

［36］孙贺东，韩永新，肖香姣，等.裂缝性应力敏感气藏的数值试井分析［J］.石油学报，2008，29（2）：270—273.

［37］梅青燕.异常高压气藏动态预测方法研究及应用［D］.成都：西南石油大学，2006.

［38］杨胜来，肖香娇，王小强，等.异常高压气藏岩石应力敏感性及其对产能的影响［J］.天然气工业，2005，25（5）：94—95.

［39］杨胜来，王小强，冯积累，等.克拉—2异常高压气藏岩石应力敏感性测定及其对产能的影响（英文）［J］.Petroleum Science，2004，1（4）：11—16+46.

［40］廖新维，王小强，高旺来.塔里木深层气藏渗透率应力敏感性研究［J］.天然气工业，2004，24（6）：93—94.

［41］刘能强 . 实用现代试井解释方法［M］.2 版 . 北京：石油工业出版社，1992：16－117.

［42］成绥民，王天顺 . 表皮系数系统分解方法［J］. 油气井测试，1992，1（1）：35－40.

［43］阎敦实 . 中国油气井测试资料解释范例［M］. 北京：石油工业出版社，1994：229－964.

［44］王新海，夏位荣，陈立生 . 非均匀污染的污染深度计算方法［J］. 钻采工艺，1994，17（1）：61－63.

［45］李克向 . 保护油气层钻井完井技术［M］. 北京：石油工业出版社，1995：322－843.

［46］杨同玉，张福仁，邓广渝 . 应用 DST 测试资料研究油井损害半径和渗透率的新方法［J］. 油气采收率技术，1996，（2）：63－66.

［47］Bell W T，Brieger E F，Harrigan Jr J W. Laboratory flow characteristics of gun perforations［J］. Journal of Petroleum Technology，1972，24（09）：1095－1103.

［48］McLeodJr H O. The effect of perforating conditions on well performance［J］. Journal of Petroleum Technology，1983，35（01）：31－39.

［49］段永刚，陈伟，熊友明，等 . 油气层损害定量分析和评价［J］. 西南石油学院学报，2001，23（2）：44－47.

［50］钟松定 . 试井分析［M］. 东营：石油大学出版社，1991：46－422.

［51］刘建军 . 表皮系数分解与油气层伤害定量评价［J］. 油气井测试，2005，14（2）：17－19.

［52］樊世忠 . 陈元千 . 油气层保护与评价［M］. 北京：石油工业出版社，1988：14－22.

［53］刘玉芝 . 油气井射孔井壁取心技术手册［M］. 北京：石油工业出版社，2000：229－432.

［54］Harris M H. The effect of perforating oil well productivity［J］.Journal of Petroleum Technology，1966，18（04）：518－528.

［55］Todd B J，Bradley D J，潘迎德 . 孔眼几何特性和表皮效应对油井产能的影响［J］. 油气井测试，1989，（4）：38－48.

［56］唐愉拉，潘迎德，冯跃平 . 油气井射孔完井产能预测和优化射孔设计［J］. 油气井测试，1991，（2）：102－125.

［57］刘玉芝，张桂荣 . 射孔几何因子对产能的影响［J］. 油气井测试，1996，5（3）：50－52.

［58］Behrmann L A，Pucknell J K，Bishop S R，et al.Measurement of additional skin resulting from perforation damage［C］//SPE Annual TechnicalConference and Exhibition. Society of Petroleum Engineers，1991.

［59］《试井手册》编写组 . 试井手册（下）［M］. 北京：石油工业出版社，1992：23－145.

［60］林加恩 . 实用试井分析方法［M］. 石油工业出版社，1996.

［61］成绥民，段永刚 . 早期试井分析的新方法［J］. 石油学报，1990，11（2）：80－84.

［62］Pucknell J K，Behrmann L A.An Investigation of the DamagedZone Created by Perforating. The 66th Annual TechnicalConference and Exhibition of the Society of PetroleumEngineering，October 6－9，1991：511－522.

［63］王新海，雷霆，杨继辉，等 . 调查半径与地层损害之关系［J］. 油气井测试，2002；11（3）：2－4.

［64］张松革，冯树义，李建波 . 表皮系数异常负值原因分析［J］. 油气井测试，1999；8（4）：15－17.

［65］谢兴礼，朱玉新，李保柱，等 . 克拉 2 气田储层岩石的应力敏感性及其对生产动态的影响［J］. 大庆石油地质与开发，2005，24（1）：46－48.

［66］朱忠谦，王振彪，李汝勇，等.异常高压气藏岩石变形特征及其对开发的影响——以克拉 2 气田为例［J］.天然气地球科学，2003，14（1）：60-64.

［67］Thomas R D，Ward D C.Effect of overburden pressure and water saturation on gas permeability of tight sandstone cores［J］.Journal of Petroleum Technology，1972，24（02）：120-124.

［68］Davies J P，Holditch S A.Stress dependent permeability in low permeability gas reservoirs：Travis Peak Formation，East Texas［C］//SPE Rocky Mountain Regional/Low-Permeability Reservoirs Symposium.Society of Petroleum Engineers，1998.

［69］Vairogs J，Hearn C L，Dareing D W，et al.Effect of rock stress on gas production from low-permeability reservoirs［J］.Journal of Petroleum Technology，1971，23（9）：1161-1167.

［70］李传亮，涂兴万.储层岩石的 2 种应力敏感机制——应力敏感有利于驱油［J］.岩性油气藏，2008，20（1）：111-113.

［71］李传亮，叶明泉.岩石应力敏感曲线机制分析［J］.西南石油大学学报（自然科学版），2008，30（1）：170-172.

［72］李传亮.岩石应力敏感指数与压缩系数之间的关系［J］.岩性油气藏，2007，19（4）：95-98.

［73］杨胜来，王小强，汪德刚，等.异常高压气藏岩石应力敏感性实验与模型研究［J］.天然气工业，2005，25（2）：107-109.

［74］秦积舜，张新红.变应力条件下低渗透储层近井地带渗流模型［J］.石油钻采工艺，2001，23（5）：41-44.

［75］Fatt I.Compressibility of sandstones at low to moderate pressures［J］.AAPG Bulletin，1958，42（8）：1924-1957.

［76］Geertsma J.The effect of fluid pressure decline on volumetric changes of porous rocks［J］.1957.

［77］Poston S W，Berg R R.Overpressured gas reservoirs［M］.Society of Petroleum Engineers，Incorporated，1997.

［78］胡永乐，罗凯，刘合年，等.复杂气藏开发理论基础及应用［M］.北京：石油工业出版社，2006.

［79］宋文杰，王振彪，李汝勇，等.大型整装异常高压气田开采技术研究——以克拉 2 气田为例［J］.天然气地球科学，2004，15（4）：331-336.

［80］李保柱，朱忠谦，夏静，等.克拉 2 煤成大气田开发模式与开发关键技术［J］.石油勘探与开发，2009，36（3）：392-397.

［81］李保柱，朱玉新，宋文杰，等.克拉 2 气田产能预测方程的建立［J］.石油勘探与开发，2004，31（2）：107-108+111.

［82］Yang S L，Wang X Q，Feng J L，et al.Test and study of the rock pressure sensitivity for KeLa-2 gas reservoir in the Tarim basin［J］.Petroleum Science，2004，1（4）：11-16.

［83］Xiao X J，Sun H D，Han Y，et al.Dynamics characteristics evaluation methods of stress-sensitive abnormal high pressure gas reservoir［C］//SPE Annual Technical Conference and Exhibition.Society of Petroleum Engineers，2009.

［84］王建光，廖新维，杨永智.超高压应力敏感性气藏产能评价方法［J］.新疆石油地质，2007，28（2）：216-218.

［85］罗银富，黄炳光，王怒涛，等.异常高压气藏气井三项式产能方程［J］.天然气工业，2008，28（12），81-82.

［86］刘能强.实用现代试井解释方法［M］.5 版.北京：石油工业出版社，2008.

［87］Dominique Bourder.现代试井解释模型及应用［M］，北京：石油工业出版社，2007.

［88］阿曼纳特 U·乔德瑞.气井试井手册［M］.刘海浪，等译.北京：石油工业出版社，2008.

［89］文华.低渗透应力敏感性油藏产能及影响因素［J］.新疆石油地质，2009，30（3）：351−354.

［90］Ramagost B P，Farshad F F.P/Z abnormally pressured gas reservoirs［C］//SPE Annual Technical Conference and Exhibition. Society of Petroleum Engineers，1981.

［91］Bernard W J.Gulf coast geopressured gas reservoirs：drive mechanism and performance prediction［C］//SPE Annual Technical Conference and Exhibition. Society of Petroleum Engineers，1985.

［92］Prasad R K，Rogers L A.Superpressured gas reservoirs：case studies and a generalized tank model［C］//SPE Annual Technical Conference and Exhibition. Society of Petroleum Engineers，1987.

［93］Poston S W，Chen H Y.Case history studies：abnormal pressured gas reservoirs［C］//SPE Production Operations Symposium.Society of Petroleum Engineers，1989.

［94］陈元千.油气藏工程计算方法［M］.北京石油工业出版社，1990.

［95］Cronquist C. Turtle Bayou 1936−1983：case history of a major gas field in south Louisiana［J］. Journal of petroleum technology，1984，36（11）：1941−1951.

［96］Fetkovich M J，Reese D E，Whitson C H. Application of a general material balance for high−pressure gas reservoirs（includes associated paper 51360）［J］. SPE journal，1998，3（01）：3−13.

［97］Gunawan R，Blasingame T A. A semi−analytical p/z technique for the analysis of reservoir performance from abnormally pressured gas reservoirs［J］.2003.

［98］Moran O，Samaniego F. A production mechanism diagnosis approach to the gas material balance［J］.paper SPE，2001，71522.

［99］Yale D P，Nabor G W，Russell J A，et al. Application of variable formation compressibility for improved reservoir analysis［C］//SPE Annual Technical Conference and Exhibition. Society of Petroleum Engineers，1993.

［100］Ambastha A K. Evaluation of material balance analysis methods for volumetric，abnormally−pressured gas reservoirs［J］. Journal of Canadian Petroleum Technology，1993，32（08）.

［101］Gonzalez F E，Ilk D，Blasingame T A. A quadratic cumulative production model for the material balance of an abnormally pressured gas reservoir［C］//SPE Western Regional and Pacific Section AAPG Joint Meeting. Society of Petroleum Engineers，2008.

［102］李治平.气藏动态分析与预测方法［M］.石油工业出版社，2002.

［103］张来喜，武键棠，朱绍鹏.低渗透无边、底水气水同产气藏产水原因分析［J］.天然气工业，2008，28（1）：113−115.

［104］陈军，樊怀才，杜诚，等.平落坝气田须二气藏产水特征及开发调整研究［J］.特种油气藏，2008，15（5）：53−56.

［105］陈军，樊怀才，弋戈.低渗气藏水侵机理［J］.大庆石油地质与开发，2009，28（2）：49−52.

［106］陈军，樊怀才，杜诚，等.典型低孔低渗气藏产水特征研究［J］.小型油气藏，2008，13（3）：32−36.

［107］张来喜，武键棠，张烈辉.靖边气藏产水特点及影响因素分析［J］.断块油气田，2006，13（2）：29−31.

［108］何晓东，邹绍林，卢晓敏.边水气藏水侵特征识别机机理初探［J］.天然气工业，2006，26（3）：87—89.

［109］Kabir C S，Hasan A R，Jordan D L，et al.A Transient Wellbore/Reservoir Model for Testing Gas Wells in High—Temperature Reservoirs，Part II.Field Application［C］//SPE Annual Technical Conference and Exhibition. Society of Petroleum Engineers，1994.

［110］Kabir C S，Hasan A R，Jordan D L，et al.A wellbore/reservoir simulator for testing gas wells in high—temperature reservoirs［J］.SPE Formation Evaluation，1996，11（02）：128—134.

［111］廖新维，刘立明.对气井井筒压力温度分析的新认识［J］.天然气工业，2003：11（6），86—87.

［112］Hasan A R，Kabir C S，Sarica C.Fluid flow and heat transfer in wellbores［M］.Richardson，TX：Society of Petroleum Engineers，2002.

［113］Hasan A R，Kabir C S，Lin D. Analytic wellbore temperature model for transient gas—well testing［C］//SPE Annual Technical Conference and Exhibition.Society of Petroleum Engineers，2003.

［114］黄炳光，李晓平.气藏工程分析方法.北京：石油工业出版社，2004：77—78.

［115］Turner R G，Hubbard M G，Dukler A E. Analysis and prediction of minimum flow rate for the continuous removal of liquids from gas wells［J］.Journal of Petroleum Technology，1969，21（11）：1475—1482.

［116］Coleman Steve B. Understanding Gas—Well Load—Up Behavior.1991，SPE20281.

［117］刘广峰，何顺利，顾岱鸿.气井连续携液临界产量的计算方法［J］.天然气工业，2006，26（10）：114—116.

［118］李闽，郭平，刘武，等.气井连续携液模型比较研究［J］.断块油气田，2002，9（6）：39—41.

［119］Schols R S. An empirical formula for the critical oil production rate［J］.Erdoel Erdgas，1972，88（1）：6—11.

［120］C.R. 史密斯，G.W. 特雷西，R.L. 法勒.实用油藏工程［M］.北京：石油工业出版社，1995：334—348.

［121］李传亮.修正 Dupuit 临界产量公式［J］.石油勘探与开发，1993，20（4）：91—95.

［122］李士伦.我国气田、凝析气田开发技术展望［J］.天然气工业，1997，17（1）：28—31..

［123］黄继新，彭仕宓，黄述旺，等.异常高压气藏储层参数应力敏感性研究［J］.沉积学报，2005，23（4）：620—625.

［124］何琦.试井分析在油气藏数值模拟中的应用［J］.天然气勘探与开发，2005，28（1）：28—32.

［125］Moore T V，Schilthuis R J，Hurst W. The determination of permeability from field data［J］.Proc.，API Bull，1933，211（4）.

［126］Muscat M. Use of data on the buildup of bottom hole pressures［J］.Transcript AIME，1937：123.

［127］Van Everdingen A F，Hurst W. The application of the Laplace transformation to flow problems in reservoirs［J］.Journal of Petroleum Technology，1949，1（12）：305—324.

［128］Agarwal R G，Al—Hussainy R，Ramey Jr H J.An investigation of wellbore storage and skin effect in unsteady liquid flow：I. Analytical treatment［J］.Society of Petroleum Engineers Journal，1970，10（03）：279—290.

［129］Gringarten A C，Bourdet D P，Landel P A，et al.A comparison between different skin and wellbore storage type—curves for early—time transient analysis［C］//SPE Annual Technical Conference and Exhibition. Society of Petroleum Engineers，1979.

［130］Bourdet D，Whittle T M，Douglas A A，et al. A new set of type curves simplifies well test analysis ［J］.World oil，1983，196（6）：95−106.

［131］李晓平，张烈辉，刘启国.试井分析方法［M］.北京：石油工业出版社，2009.

［132］刘立明，陈软雷.单相流数值试井模型［J］.油气井测试，2001，10（4）：11−14.

［133］Puchyr P J. A numerical well test model［C］//Low Permeability Reservoirs Symposium. Society of Petroleum Engineers，1991.

［134］Levitan M M，Crawford G E，Puchyr P J.Orthogonal curvilinear gridding for accurate numerical solution of well−test problems［J］. In Situ，1996，20（1）：93−113.

［135］Padmanabhan L，Woo P T. A new approach to parameter estimation in Well Testing［C］//SPE Symposium on Numerical Simulation of Reservoir Performance. Society of Petroleum Engineers，1976.

［136］Puchyr P J. A numerical well test model，paper SPE 21815［C］//Rocky Mountain Regional and Low Permeability Reservoirs Symposium of SPE，Denver. 1991：125−139.

［137］Blance G. Contribution of the Pressure Movments to the Interpretation of Numerical Simulation of Well Test ECM 5［C］//5th Earoup Conference on the Mathematics of oil Recovery，Leoben，Austria.1996：3−6.

［138］廖新维，沈平平.现代试井分析［M］.石油工业出版社，2002.

［139］刘立明，陈钦雷.试井理论发展的新方向——数值试井［J］.油气井测试，2001，10（Z1）：78−82.

［140］刘立明，陈软雷.单相流数值试井模型［J］.油气井测试，2001，10（4）：11−14.

［141］刘曰武，陈慧新，张大为，等.存在邻井影响条件下的油井数值试井分析［J］.油气井测试，2002，11（5）：4−7.

［142］廖新维，冯积累.超高压低渗气藏应力敏感试井模型研究［J］.天然气工业，2005，25（2）：110−112.

［143］Kikani J，Pedrosa Jr O A.Perturbation analysis of stress−sensitive reservoirs（includes associated papers 25281 and 25292）［J］.SPE Formation Evaluation，1991，6（3）：379−386.

［144］Petrosa O A.Pressure transient response in stress−sensitive formation［C］//Paper SPE15115，presented at the 1986 SPE California regional meeting. Oakland，April.1986：2−4.

［145］Yeung K，Chakrabarty C，Zhang X. An approximate analytical study of aquifers with pressure - sensitive formation permeability［J］. Water resources research，1993，29（10）：3495−3501.

［146］同登科，周德华.具有应力敏感于地层渗透率的分形油气藏渗流问题的近似解析研究［J］.石油勘探与开发，1999，26（3）：53−57.

［157］同登科，李萍，陈钦雷.压力依赖于地层渗透率的分形油藏的数值研究［J］.西安石油学院学报（自然科学版），2001，16（2）：41−42.